世界一わかりやすい
リスクマネジメント実践術

ニュートン・コンサルティング株式会社 監修
勝俣 良介 著

本書に掲載されている会社名・製品名は、一般に各社の登録商標または商標です。

本書を発行するにあたって、内容に誤りのないようできる限りの注意を払いましたが、本書の内容を適用した結果生じたこと、また、適用できなかった結果について、著者、出版社とも一切の責任を負いませんのでご了承ください。

本書は、「著作権法」によって、著作権等の権利が保護されている著作物です。本書の複製権・翻訳権・上映権・譲渡権・公衆送信権（送信可能化権を含む）は著作権者が保有しています。本書の全部または一部につき、無断で転載、複写複製、電子的装置への入力等をされると、著作権等の権利侵害となる場合があります。また、代行業者等の第三者によるスキャンやデジタル化は、たとえ個人や家庭内での利用であっても著作権法上認められておりませんので、ご注意ください。

本書の無断複写は、著作権法上の制限事項を除き、禁じられています。本書の複写複製を希望される場合は、そのつど事前に下記へ連絡して許諾を得てください。

出版者著作権管理機構
（電話 03-5244-5088, FAX 03-5244-5089, e-mail: info@jcopy.or.jp）

JCOPY ＜出版者著作権管理機構 委託出版物＞

はじめに

「あのとき、もっとこうしておけば良かった」

　こんな後悔を世の中から少しでも減らせたら…。そんな想いを込めて執筆した前著『世界一わかりやすい リスクマネジメント集中講座』は、おかげさまで大反響をいただきました。「すべてのビジネスパーソンに持っておいてもらいたい基礎知識をわかりやすく伝える」をモットーに執筆しましたが、反応は私が想像していた以上でした。

　ただ「わかりやすく伝えること」には限界もあります。内容を平易にするため、各テーマに多くのページを割いた結果、「伝えたかったことをすべてカバーしきれない」という課題が残りました。また「いくらわかりやすくといっても、さすがに易しすぎるかも」といったお声をいただくこともありました。

　これらの課題を解決し、世の中の組織や個人がさらに飛躍できる手助けをしたい―そんな想いで執筆したのが、本書『世界一わかりやすい リスクマネジメント実践術』です。

● 本書の特徴

　この本には、次のような特徴を持たせました。

- 全ビジネスパーソンが対象
- 前著から継承された「わかりやすさ」
- 実践に重きをおいた講義
- 前著でカバーしきれなかったトピックや最新トレンドをカバー

特徴１：全ビジネスパーソンが対象

　リスクマネジメントは、組織のありとあらゆる場面で活用されるべきビジネスツールです。リスクマネジメントを専門にされる方はもちろんのこと、一般社員、部課長、役員、監査並びにプロジェクトマネージャーを担う立場にある人に至るまで、すべての組織、すべてのビジネスパーソンを対象にした本です。それぞれの読者が自分の立場・役割を踏まえて楽しめるように章立てを設計しています。

はじめに　iii

特徴２：前著から継承された「わかりやすさ」

　読者の皆様の反応を見て「わかりやすさは正義だな」と改めて実感した次第です。今回も前著同様に講義形式にしつつ、できる限り平易な言葉での解説を心がけました。また、前著を読んだ方も、読んでいない方も楽しめるよう、配慮しています。登場人物のはるきやなつきもどのように成長し、どのように変わったのか、どのような悩みや疑問を持つようになったのかといった点もぜひお楽しみください。

特徴３：実践に重きをおいた講義

　前著が「基礎知識の習得」を主眼としたのに対し、本書は「実践」にフォーカスしています。実際に業務でリスクマネジメントをどのように活用するのか、業務で直面しがちな疑問や課題に対して、具体的な答えを提示しています。「抜け漏れなくリスクを洗い出す方法は何か？」とか「明日からすぐに使えるおもしろいリスクアセスメント技法はないのか？」「息を吸うようにリスクマネジメントを実践するコツは何か？」などはその最たる例です。

特徴４：前著でカバーしきれなかったトピックや最新トレンドをカバー

　前著ではカバーしきれなかった重要なトピックや最新トレンドを、本書では積極的に取り上げました。その一例が「リスク感度向上のコツ」です。いくらリスクマネジメントがわかっても、最初のリスク認識ができなければ意味がありませんよね。また、「AIリスクマネジメントはどうするのか？」や「新たに登場しつつあるリスク（エマージングリスク）をどうキャッチし立ち向かうのか!?」など、現代のビジネスに不可欠なテーマも詳細に解説しています。

● 本書の読み方・使い方

本書は1〜5時間目の講義で構成されています。それぞれに次のような狙いがあります。

	タイトル	狙い
1時間目	成功者はみんなリスクマネジメントをやっている	成功・失敗事例を通じたリスクマネジメントを実践する意義の理解
2時間目	成功したいなら誰でもこれだけは絶対に押さえよう！	どんな立場・役割の人でも絶対に知っておいて損はないことの理解
3時間目	リスクマネジメントを本格的に活用したいならこれだけは押さえよう！	これを知っていると他の人・組織と差別化が図れ、便利ですぐに役立つコツやテクニックの習得
4時間目	息を吸うようにリスクマネジメント活動をするには!?	組織にリスクマネジメントを浸透させ、定着させるためのコツやテクニックの習得
5時間目 (PartI)	部門ごと・役割者ごとのリスクマネジメントお悩み解決Q＆A	リスクマネジメント専門部署の立場で持つ方向けの疑問やお悩み解決
5時間目 (PartII)		経営陣、取締役、マネージャー、監査の立場にある方々それぞれにとってのあるべき役割・責任、勘どころの理解

基本的に1ページ目から読み始めていただくことを期待して書いていますが、実際は、どのパートからも読み始められるようになっています。読む方の役割や立場に合わせて、どの講義がより重要かを次ページの表にまとめてみました。この表の読み方ですが、例えば、ご自身が事業部門に所属する人間で、かつマネージャーポジションにいらっしゃる場合は、「所属組織の役割視点」の「事業部門の関係者」と「ポジション視点」の「マネージャー／部課長」の行で何かしらの記号が入っている箇所が学習対象になります。

はじめに　v

	1時間目	2時間目	3時間目	4時間目	5時間目 (Part I)	5時間目 (Part II)
所属組織の役割視点						
管理部門（例：経営企画部、リスクマネジメント部、人事部、総務部、品質管理等）の関係者	◎	◎	◎	◎	○	○
事業部門（例：開発、調達、生産、物流等）の関係者	◎	◎	○	△		
部署問わず、リスクマネジメントを推進・実践する関係者	◎	◎	◎	◎		
内部監査員	◎	◎	◎	◎	○	◎
ポジション視点						
社員	◎	◎	○	△		
マネージャー／部課長	◎	◎	○	○		◎
経営者	◎	◎		○	△	◎
取締役	◎	◎		○	△	◎

◎：必須！　○：できれば読んでおきたい！　△：余裕があれば読んでおきたい！

　また、頭にしっかりとポイントを叩き込みたいという方、忘れてしまったので再度読み直したいけれど、イチから読み直すのはさすがに抵抗があるという方、そして読む時間が惜しいという方のために、各パートに必ずまとめノートを入れましたので、そちらもうまく活用してください。

　さて、前置きはこれくらいでいいでしょう。リスクマネジメントは、私たち全員に必要なスキルであり、組織を守り、飛躍させるための強力な武器です。本書が、あなた自身やあなたの組織が次のステージへ進むきっかけになることを願っています。実践の一歩を踏み出し、リスクマネジメントを味方につけて、より大きな成果を手にしていただければ幸いです。それでは、講義を楽しんでください！

登場人物の紹介

先生：丸山としひこ
48歳。A型。
大手商社に入社後、3年間勤務。その後、システム系の会社に転職し、さらに海外企業を含む数社を渡り歩いてリスクマネジメントコンサルタントに転身。コンサルタント歴は約13年。大学の教壇でリスクマネジメント講座を担当しながら、現場ではお客様のコンサルティングに奔走している。分かりやすく的確な説明には定評があり、実務と教育の両面で活躍中。
今回、顧問契約を結んでいるA社から「実践術の習得」を目的とした研修依頼を受け、数年ぶりに出張研修を行うことになった。前回の「基礎知識の習得」からさらに進化した内容で、参加者の成長をサポートする。

● 生徒：加藤はるき
30歳。A型。
大学卒業後、公認会計士を目指して専門学校に通うも1年で挫折。その後、A社の営業部に配属される。英語に興味があり、会社を休職して半年間の語学留学を経験。現在は小規模ながらチームを率いるリーダーを務めている。
マイペースで少々おっちょこちょい。モノを失くしたりミスをしたりすることもあるが、いざというときには頼れる直感派。重要な場面ではしっかり結果を出すタイプとして、上司から期待を寄せられている。そんな上司のすすめで「より実践的なリスクマネジメント」を学ぶため研修に参加。

● 生徒：山本なつき
29歳。AB型。
大学卒業後、大学院で修士課程を修了。その後、1年間海外ボランティア活動に従事。帰国後、ボランティア時代のつながりを通じてA社に入社し、マーケティング部に配属される。現在は、加藤はるきと同様、小規模なチームのリーダーを任されている。
勉強熱心で頑張り屋。論理的な思考と物おじしない性格で、これまでいくつかの大きなプロジェクトを成功に導いてきた。数年前、丸山先生の講義を受けたことをきっかけに、リスクマネジメントに対する関心が高まり、今回の研修に自ら名乗りをあげた。上司からも今後、組織横断の大規模プロジェクトを任せたいという期待が寄せられている。

目次

はじめに iii

登場人物の紹介 vii

1時間目 成功者はみんなリスクマネジメントをやっている 1

個人で成功する人はみんな理想的な
リスクマネジメントをやっている 2

ビジネスでも、やれば大きな成果に、
やらねば大きな事故につながる 12

正しいリスクマネジメントには、これだけのメリットがある！ 18

2時間目 成功したいなら誰でもこれだけは絶対に押さえよう！... 37

「登る山」をパッと一言で答えられるか？ 38

あなたの「登る山」への想いは本物か？ 43

みんなの「登る山」への想いは本物か!? 47

リスク抽出の最低限の勘どころを押さえられているか!?....................51

あなたの力の入れどころはあっているか!? 60

ツールに使われるのではなくツールを使っているか!? 72

3時間目 リスクマネジメントを本格的に活用したいなら
これだけは押さえよう！ 77

気付けないリスクを拾えるようにするには？ 78

知っておくと便利なリスク洗い出し技法は？ 85

ポジティブリスク（機会）を捕まえるには？ 109

リスクの大きさをうまく算定するコツは？ 114

エマージングリスクと付き合うコツは？...................................118

ヒューマンエラーなど一筋縄ではいかないリスクに
立ち向かうには？ 125
リスク感度を上げるには？ 128
事故が起こってしまった。そんなときどうすればいい!?.................136
万が一のときの備えを本格的に進めるには？ 148

4時間目 息を吸うようにリスクマネジメント活動をするには!?... 175

息を吸うようにリスクを抽出するには？....................................176
息を吸うように効果的なリスク対策を打つには？ 181
息を吸うように有事対応力を身に付けるには？ 186
息を吸うようにリスクマネジメントのPDCAをまわすには？ 192

**5時間目 部門ごと・役割者ごとの
リスクマネジメントお悩み解決Q＆A 197**

リスクマネジメント／危機管理部門の実践術.................................198

Q1　全社的リスクマネジメント（ERM）とは何か？ 198

Q2　リスクマネジメント部門は何をすればいいのか？...................................204

Q3　リスクマネジメント委員会はどう設計したらいいのか？ 207

Q4　リスクマネジメント委員会はどうやったら盛り上がるのか？ 210

Q5　トップマネジメントの上手な巻き込み方とは？ 213

Q6　どういうリスクマネジメント教育を行えばいいのか？ 216

Q7　内部統制とERMをどう整理して取り組めばいいの？ 219

Q8　サステナビリティとの関係性をどう整理すればいいのか？ 224

Q9　戦略リスクとオペレーショナルリスクを
　　どう整理すればいいのか？ 230

Q10　サプライチェーンリスクに対しては何をすればいいの？...................234

Q11　AIリスクに対しては何をすればいいの？ 238

ix

Q12 リスクアペタイトって何？　どうしたらいい? 245

Q13 リスクカルチャー醸成ってどうしたらいい? 249

Q14 海外拠点のリスクマネジメントはどうしたらいいの? 253

Q15 情報開示ってどうしたらいいの? 260

その他の役職者や部門のリスクマネジメント実践術 264

Q16 社長は何をすればいい? 264

Q17 執行役員は何をすればいい? 267

Q18 マネージャーは何をすればいい? 270

Q19 内部監査は何をすればいい? 273

Q20 取締役会は何をすればいい? 279

おわりに 283

謝辞 284

参考文献 285

索引 287

1 時間目

成功者はみんなリスクマネジメントをやっている

ここでは、前書で学んだリスクマネジメントの基礎をおさらいしながら、なぜ成功する人・成功する組織こそがリスクマネジメントをやるのか？ を考えていきます。

個人で成功する人はみんな理想的な
リスクマネジメントをやっている

 2人とも久しぶり！　以前に基礎から教えたリスクマネジメントは役に立っているかい？

 ご無沙汰しています！　はい、勉強したことは役に立っています！

 そうかそうか、それは良かった。

 ただ、誰かから「リスクを考えなさい」と言われたときだけになってしまっています。組織を率いるリーダーとして自分の仕事に役立っているかどうか、いまいち実感がないというのが本音です。

 私も。今、そこそこの規模のプロジェクトを推進するリーダーを任せられる機会が増えてきましたが、ちゃんと生かせているかと言われたら怪しいわ。

 だからこそ、リスクマネジメントを再度勉強すべく、リーダーになった2人が再び私の元に送り込まれてきたんだろうね。

リスクとは

　リスクは「未来に起こるかもしれない、嬉しいこと・嫌なこと」です。国際規格（Guide 73）によれば正確には「目的に対する不確かさの影響」と定義されます。

　時間どおりに目的地への到着を目指す飛行機を例にとるなら、向かい風や追い風のようなものです。向かい風が吹けば、飛行機の飛ぶスピードが落ちますし、追い風が吹けばその逆の状況が期待できます。ただこれらはいつどこでどのように起こるのか、起こらないのか、不確実であり、正確な予測が難しいものです。つまり、飛行機にとってのリスクにあたります。

早速、質問です。実際、リスクマネジメントを役立てることができている人っているんでしょうか。

いい質問だね。**成功している人ほどリスクマネジメントをやっているものさ**。ただ、本人がそれをリスクマネジメントのおかげだと思っているかどうかは別問題だがね。おそらく役に立っているはずなのに、それに気付けていないのだろう。

役立っているはずなのに気付けていないって、どういうことですか？

ヒントをあげよう。君たちは、自分の人生でターニングポイントと思えるときってどんなときだい？

個人で成功する人はみんな理想的なリスクマネジメントをやっている

僕は…そうですね。2年前に、休職して海外に半年ほど語学留学に行ったんです。それは間違いなく大きな転換点だったと思います。

ほぉ。それは思い切ったことをしたね。どういう意味で大きな転換点だったんだい？

リスクマネジメントとは

　リスクマネジメントとはリスクを上手にコントロールすることを通じて、目的や目標の達成確度をグッと上げる考え方やアプローチのことを言います。

　飛行機のリスクとして、向かい風・追い風を例にとるなら、これらがいつどこでどのように吹くか予測が難しいからといってただただ運を天に任せるのではなく、向かい風が吹きやすい航空路を探す努力をしたり、万が一、向かい風に直面した場合には、多少燃費を犠牲にしてもスピードを上げて目的地に時間どおりに辿り着けるようにすることも1つの手です。

　リスクマネジメントは、こうしたリスクを効果的・効率的にコントロールし、組織の目的・目標達成を手繰り寄せる活動をいうのです。

英会話力が中途半端だったんで、なんとかモノにしようと思ったんです。この時期に半年間もビジネスから離れるのはリスクがあると思いましたが行って良かったです。自信も付いたし、今任されているプロジェクトは英語必須のものですし。

私は、去年、大きなプロジェクトをやったことかな。規模も複雑さも相当なものだったので、怖くて仕方がなかったんですが、同僚に背中を押されて手を挙げたんです。それなりに失敗もしましたが、無事に終わらせることができ、大きな自信につながりました。

自分の殻を破った感じだね。2人とも立派だよ。

ありがとうございます！　ですが、私たちのターニングポイントの話と「役に立っているのに気付けてないのはどうしてか」という質問と、どう関係しているんですか？

無意識だったかもしれないが、2人の話に共通していた点は、**大きな成果を得るために勇気を振り絞った、すなわちリスクをとった**という点だ。そして、ただリスクをとるだけではなく、そのリスクを減じるために何か手を打ったはずだ。ちょっと書き出してごらん。

そう言われてみるとそうですね。こんな感じかな…。

	はるきの場合	なつきの場合
成し遂げたいこと	英語をものにする	大きなプロジェクトを成功させる
リスク	仕事からの長期離脱による機会損失！	品質不備や過労で倒れ、納期遅延で大失敗！
リスク対策	本来は1年間のところを半年間に圧縮	社内外の経験者にアポを取り、教えを請う
	短期習得を目指し、英語漬け生活！　日本の家族とも英語！	徹底した健康管理
	仕事の繁忙期を避けて留学	バッファーを多めにしたスケジュール作成

半年間を無駄にしないよう家族とすらも英語!?　ご家族も、びっくりだったでしょうね。

なつきだって、社内外の経験者にアポを取って会いに行くなんて、大したもんだよ。フットワークが軽いな。

2人はまさにリスクマネジメントを実践していたわけだ。大きな成果を得るために、リスクをとった。ただとるだけじゃなく、そのリスクを可能な限り小さくするよう努めた。

先生に、そう言われるまで、それをリスクマネジメントとして捉えたことなんて一度もなかったです。

うーむ。確かにものすごい役に立っている。まさにリスクマネジメントだ！

 ちなみに、2人にとってラッキーだったことはあるかい？

 あっ！ あります、あります。友達が以前、イギリスにホームステイしたことがあって、そのときのホストファミリーがすごく良かったって聞いたんです。家賃も良心的で会話好きだって。すぐに紹介してもらって、おかげでお金をかなりセーブできましたし、英語上達の助けにもなりました。

 私は…大規模プロジェクトのヒントがないかなって、過去の社内プロジェクト報告書を読み漁っていたら、担当予定のものと似ているプロジェクトがあって。かなり参考になったわ。

 素晴らしいね。それもリスクマネジメントの一部だ。

 ラッキーだったことがですか!?

 もしかして、以前習った"機会"というものかしら。先生が、リスクは**「未来に起こるかもしれない、嬉しいこと・嫌なこと」**って教えてくださっていたけれど、「嬉しいこと」にあたるものかしら。

 そうだ！ ラッキーな部分もあっただろうが、手繰り寄せたのは君たち自身に他ならない。はるき君は「素敵なホームステイ先」を自分も利用できるかもしれない「嬉しいこと」があって、それを利用した。なつき君は参考にできそうな「過去事例」の発見という「嬉しいこと」があって、それを利用したわけだ。

	はるきの場合	なつきの場合
成し遂げたいこと	英語をものにする	大きなプロジェクトを成功させる
機会	家賃が安く、会話好きなホストファミリーがいることを偶然、友人から聞いた	資料を読み漁っていたら、担当予定のプロジェクトに類似の過去プロジェクトデータがあった
機会対策	友達に相談し、そのホストファミリーを紹介してもらった	早速、隅から隅まで読み込んで、今回担当予定のプロジェクトにフル活用した

僕たち、いたるところで、思いっきりリスクマネジメントをやっていたんだな。

確かに…。リスクマネジメントって役に立つというより、必須よね。

はい！　ただ1つ疑問が…。自分たちが実践していたのは、確かにリスクマネジメントだし、役に立ったってことは分かりますが、無意識のうちにやれていたわけですよね。だとしたら、わざわざリスクマネジメントを勉強する意味ってあるんでしょうか。

いい質問だ！　では、それを理解するために、次の講義ではビジネスシーンにおけるリスクマネジメントについて考えてみよう。

講義ノートまとめ

リスクとは？

- ☐ 未来に起こるかもしれない、嬉しいこと・嫌なこと

間違いなく役に立っているが、気が付いていないケースが多い

- ☐ 正しく振り返ってみるとそれが見えてくる
- ☐ 誰しも私生活で、成し遂げたいことがあって、それを成し遂げられている人は無意識のうちに、リスクをコントロールしている

リスクマネジメントのステップ

　リスクマネジメントの一般的なステップは、リスクアセスメントとリスク対応に分けられます。

　リスクアセスメントは、対応したほうが良いリスクを見極めるために、リスクを洗い出し、大きさを見て判断する活動です。個人で儲けようと株式投資をする場面を例にとれば、リスクは、株価の変動以外にも、インターネット障害などで株を売買したいタイミングでそれができなくなってしまうリスクや、いざ「買おう」というときに口座のお金が不足して買えないリスク、すべてを根底から覆す、リーマンショックのような金融危機が発生するリスクなど、さまざまなものがあります。こうしたリスクの洗い出しを行うのがファーストステップです（これをリスク特定と呼びます）。

　ただ、認識するリスクのすべてが大きな影響をもたらすとは限りませんから、そのリスクの大小を見極め（これをリスク分析と呼びます）、コントロールが必要なリスクとそうでないリスクとに分類します（これをリスク評価と呼びます）。

　リスクアセスメントによって決定された「コントロールしたほうが良いリスク」に対して、現実的にコントロールする術があるのか、どのようにコントロールするのか、どこまでコントロールするのかを決め、その施策を講じます（これをリスク対応と呼びます）。株価が上がる確率が高いと思えるときには、儲ける額を増やすため、より大きめの額を投じようと考える行為が、ある意味、こうしたリスク対応にあたります。また、予測が外れた際に大きな損失を被らないよう、この金額まで下がったら、損を出す覚悟で売ると決めてしまうこともリスク対応です。

　なお、リスク対応には4種類の対策があります。その1つがリスク軽減です。ここではリスクの発生可能性や影響度を小さくする対策をとります。次にリスク共有。リスク転嫁とも呼ばれ、保険に加入したりアウトソースしたりする対策などがこれに該当します。そしてリスク回避。リスク破棄とも呼ばれ、これは目的や目標を目指すことそのものを諦めることです。最後にリスク受容。リスク保有とも呼ばれ、特に対策をせず、リスクをそのまま受け入れることを指します。

　そして最後に、リスク対策を行った結果をモニタリングし、改善につなげます。

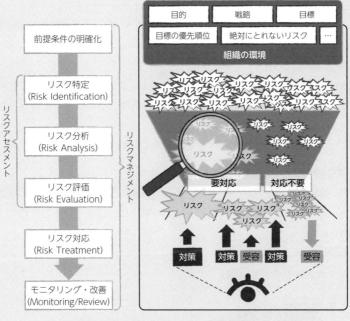

リスクアセスメント及びリスクマネジメントプロセス

　ここからはステップごとの実施事項について、例を交えながら簡単に解説します。

● 前提条件の明確化

　前提とは、リスクマネジメントを通じて登りたい山などについて明確化することです。

リスクマネジメントの目的（例）
オフィス移転を期限内かつ予算内で無事に完了させること

個人で成功する人はみんな理想的なリスクマネジメントをやっている　　9

● リスク特定
リスク特定は目的達成に影響を与えるリスクの洗い出しを行うことが狙いです。

> リスク洗い出し（例）
> 業者の搬送中の交通事故、業者スタッフによる盗難、指示どおりの荷造りをしないなどのこちらの不手際、こちら側の情報開示不足に伴う追加見積もりの発生 …etc.

● リスク分析
リスク取扱いに優先順位を付けるための分析を行うことが狙いです。リスクの大きさを算定します。リスクの大きさは、一般的に影響度と発生可能性の2要素で判断します。

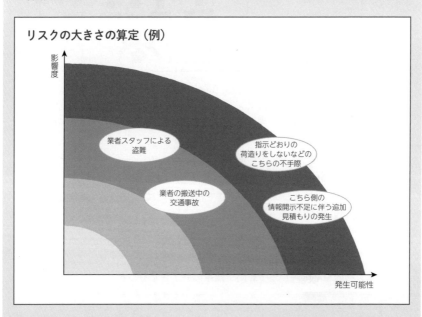

● リスク評価

リスク分析を基にリスクの対応要否を判断し、組織が取り組むべきリスクを抽出することが狙いです。

リスク評価を実施し対応が必要と判断したリスク（例）
● 指示どおりの荷造りをしないなどのこちらの不手際
● こちら側の情報開示不足に伴う追加見積もりの発生

● リスク対応

リスク対応が必要とされたリスクに対して、対応内容を決定し実行することが狙いです。リスク対応方針及びリスク対応策を決定し、実行します。

リスク対応実施（例）

リスク	対応方針				対応策
	受容	軽減	共有	回避	
指示どおりの荷造りをしないなどのこちらの不手際		✓			各部署にオフィス移転管理担当者を設け、指示の周知とチェックを徹底させる
こちら側の情報開示不足に伴う追加見積もりの発生		✓			担当とマネージャ、購買部門によるトリプルチェックを行う

● モニタリング・改善

リスク対応にて決定したリスク対策の実行状況やその効果をモニタリングし、必要があれば改善措置をとることを狙いとするものです。

モニタリング・改善活動の実施（例）

リスク	対応策	実行状況
指示どおりの荷造りをしないなどのこちらの不手際	各部署にオフィス移転管理担当者を設け、指示の周知とチェックを徹底させる	担当者のアサインメントは無事にできており、今のところ順調である
こちら側の情報開示不足に伴う追加見積もりの発生	担当とマネージャ、購買部門によるトリプルチェックを行う	ダブルチェックをする体制しか作られていないことが判明。1週間以内に、体制の見直しをすることが決定した

個人で成功する人はみんな理想的なリスクマネジメントをやっている

ビジネスでも、やれば大きな成果に、やらねば大きな事故につながる

リスクマネジメントをやったから成功したとか、やらなかったから失敗したとかっていう事例は、ビジネスでもよくあるんですか？

あるよ。リスク&リターンとはよく言ったもので、**人生でも企業でも大なり小なり成功するのは、リスクをどこかでとっているからだし、何かしらコントロールしている**からだ。

どんな事例がありますか？

ICTのインフラやスマートデバイスを提供する中国のファーウェイ（HUAWEI）という会社の事例がある。この会社の社長は、自社をグローバル企業として成長させたいと考えた。だが、彼らのいる分野は、他国にとっても重要な産業分野であり、やがて米国などに叩き潰されるというリスクを想定したんだ。だから、そうなる前に米国企業の傘下に入ることを決めたんだ。

なんと。敵の懐に飛び込むというリスク対策！

ただ残念ながら、この対策は実行されなかった。買収の話が流れたんだ。次善策として、将来、米国企業と衝突して必要なハードウェアやソフトウェアの供給がストップされても生き残れるように、内製化プロジェクトチームを立ち上げたんだ。その十数年後、懸念は現実のものとなった訳だけれど、この対策があったおかげで最悪の事態を回避できたことは間違いない。

へぇ。

別の見方をすれば、社長が懸念した「いざというとき」が来ないと日の目を見ることのないプロジェクトチームでもあった。だから「日の目を見ない研究をやるなんて…」みたいに不満を抱えていた社員もいた。それでも社長は絶対に必要だと分かっていたから、そのリスク対策を強力に推進したんだ。

リスクマネジメント様様！ この社長が何も手を打っていなければどうなっていたかと思うとゾッとしますね。

逆にリスクマネジメントの失敗事例はありますか？

クリスマスケーキを販売しようとして大損害を出した会社があったかな。

あ、そのニュース、見たことがあります。確か、数千個のケーキが売れたんだけど、配達されたケーキの多くが、破損していたんじゃなかったでしたっけ？

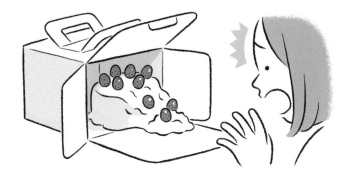

ビジネスでも、やれば大きな成果に、やらねば大きな事故につながる

えぇ！　消費者の不平・不満が爆発しそう。

3〜4割近いケーキが破損しており、顧客から大量クレームが発生した。最終的には記者会見にまで発展した。多少の破損は想定していただろうけれど、想定以上だっただろう。取り扱うものが「特別なイベントごと」のためのものだっただけに、同社がとっていたリスクがそれなりに大きなものであったことは理解していたはずだ。リスクコントロールの失敗だ。

こうした事例を聞くと、**リスクマネジメントって企業の成否を分けると言っても過言ではない**くらい重要なツールですね。

そうだな。きちんとやっていれば成果につながるし、やらなければ大火傷するという単純明快な話だね。

ふと思ったんですけど、組織では**意思疎通をちゃんと図っていない**と「え！　そんなリスクとった覚えないよ！」とか「ちゃんと対策をやってくれてるものだと思っていた！」とか、あとから揉めそうですよね。

クリスマスケーキの失敗事例なんかは、まさにそれが当てはまるだろう。デザイナーや製造担当、ロジスティクス担当の間でのリスク認識に差異があったかもしれない。コミュニケーションなしの…要するに**「言葉に出して言わなくても分かるでしょ」的なリスクマネジメントでは限界がある**と言ったほうがいいかもしれないね。

 "無意識にリスクマネジメントをやる"のには限界があるって言えるかも。

 私生活なら、全部、自分の頭の中で完結するからね。何となくでも一応、リスクマネジメントはやっていて、その結果についても、全部、自分で引き受けるわけだから納得感もあるだろうしね。

 よく理解できました！

📖 講義ノートまとめ

私生活同様に、ビジネスでも、成功する組織はリスクマネジメントをやっているのか？

- ☐ 人生でも企業でも大なり小なり成功するのは、リスクをどこかでとっているからで、何かしらをコントロールしている

- ☐ ただし、組織においてはプライベートと異なり「言葉に出して言わなくても分かるでしょ」的なリスクマネジメントは限界がある

| コラム | その他のリスクマネジメントの成功事例・失敗事例 |

● ユニクロ（ファーストリテイリング）のケース

ユニクロは、3,000億円規模に達したら、海外進出を果たそうと考えていました。実際、フリースでの大成功をきっかけに、海外大都市圏への出店を意思決定しました。大きな失敗はありましたが、このチャレンジは今のユニクロにとって、欠かせない存在となっています。

この動きをリスクマネジメントの文脈で捉えてみます。ユニクロが成し遂げたかったこと、つまり、リスクマネジメントの目的は、企業成長のために海外進出を果たすことでした。そのためにとったリスクは、ロンドンへの進出。未知の世界に足を踏み込むことに等しい行為でしたから、下手をすれば進出のために投じるお金をすべて失うリスクもあったでしょう。

ただし、そうしたリスクを甘んじて受け入れるのではなく、当然ながらリスク対策を行っています。異文化や経験不足による経営失敗リスクを小さくするため、進出難易度が高そうな米国を避けて、イギリスを選んだこともその1つです。イギリスの商習慣や消費者心理を知る現地の人間を中心に経営チームを編成したことも、リスク対策です。

結果どうなったかと言えば、残念ながら、最初のリスク対策はうまくいかず失敗に終わっています。現地の人間を中心に編成した経営チームが「自分たちで全部やるというユニクロの理念や文化」とは真逆の組織文化を醸成してしまったからです。一番とってはいけない「リスク」をとってしまったからとも言えます。同社は、この反省をすぐに生かして、今度は理念を体現できる新たな経営チームを作り再チャレンジしました。その後もいろいろな失敗を繰り返しながら、それでも前進させ、最終的には成功に結び付けることができたと言えるでしょう。

リスクマネジメントは、それを行えば必ず目的・目標達成が実現できると言い切れるような魔法の杖ではありませんが、リスクを考え必要な手段を講じやってみたからこそ、学べたことも多いはずで、その意味では、やはりリスクマネジメントは必要不可欠な存在であると言えるでしょう。

● ベネッセホールディングスのケース

　ベネッセホールディングスは、通信教育事業を通じて成長してきた会社です。ところが、この顧客データの管理を任せていた子会社で、情報漏えい事故が起きてしまい、大きな損害を発生させました。その子会社は事件後、他企業に吸収されました。

　この動きをリスクマネジメントの文脈で捉えてみます。ベネッセは、上場企業として企業成長を目指していました。そのための同社の強みは、長年培ってきた通信教育手法や顧客データです。それだけ大事なものですから、顧客データの漏えいは、彼らが絶対にとってはいけないリスクであったと言えるでしょう。

　故にベネッセでは、さまざまなリスクを想定して対策を行っていました。たとえば、特定の端末からしか顧客データにアクセスできないようにしていたり、誰かが不正に顧客データをコピーしようとしたりした場合には、それが自動的に検知され、関係者にアラートが上がるという技術的リスク対策をとっていました。

　にも関わらず、ある日、ベネッセの顧客データを管理していた子会社の社員が、不正に約4,000万件近いデータを持ち出して名簿業者に勝手に販売するという事件が起きたのです。不正を行ったのはそもそもその端末に物理的にアクセスできる権利を持っていた社員でした。不正コピーを検知するシステムが適切に設定されていなかったために、アラートも上がりませんでした。

　会社はすぐに記者会見を開き、謝罪を行うとともに、被害者全員に一定の補償金を支払いました。数十億円はくだらない損害だったと思われます。明らかに組織が許容できるリスクレベルを超えていたと言えます。

　このような事態になってしまった要因は一言では語れませんが、リスク対策が不十分であったことは否定できません。ベネッセの経営陣や顧客データを管理するシステム管理者、それについて内部監査等を通じて監視・監督する取締役会などにおいて、リスクのとり方、許容できるリスクの大きさ、リスク対策の有効性や妥当性などのあり方や現状について、きちんとコミュニケーションがとられていたかどうかは怪しいでしょう。

　リスクマネジメントは正しく実践すれば、組織を大いに助けてくれる武器にもなります。しかし、そうでなければ自らを傷付ける武器にもなりかねないということを改めて認識しておくことが大切です。

ビジネスでも、やれば大きな成果に、やらねば大きな事故につながる　17

正しいリスクマネジメントには、これだけのメリットがある！

これまでの講義内容も踏まえ、リスクマネジメントの意義をまとめてみようか。

はい！

● 目的・目標達成アシストツール！?

リスクマネジメントの意義は、何と言っても、成し遂げたいことを助けてくれることじゃないでしょうか？

大きな夢や目標って挑戦する際に、それなりのリスクを伴うけれど、失敗しても大火傷を負わないようにしてくれるツール…みたいな!?

いいね。なつき君が難易度の高いプロジェクトを成功させるために健康管理をしていたということしかり、はるき君が海外留学にあたって機会損失を避けるために時期や期間を調整したこともしかりだ。

分かりやすく言えば、願い事を叶えてくれるツール？

「叶えてくれる」はちょっと言いすぎかもね。リスクマネジメントは、100％目的・目標を達成できることを保証してくれるわけじゃないしね。達成確率を上げてくれるツールと言ったほうが正確だろう。言わば、**リスクマネジメントは目的・目標達成アシストツール**だ。

イメージしやすい！

> **コラム**　目的と目標の違い

　目的も目標もゴールも「目指すもの」という点では同じです。厳密にはそれぞれ持つ意味合いが異なります。目的は、英語ではPurposeと訳され「Why（何のために？）」という問いの答えにあたるものです。たとえば登山を目指す人に「何のために登るんですか？」と聞いたら、「経験したことのない世界を体験したい！」という人もいれば、「自分の限界に挑戦したいから」という人もいるでしょう。理由は人それぞれですが、それが「目的」です。

　ただし、「目的」は「未経験の世界を体験したい」とか「自分の限界に挑戦したい」など「形のないもの」であるため、ではそのために具体的に何をすればいいか？という答えまでは示してくれません。そこで、目標が意味を帯びてきます。目標は「What（何を？）」の問いの答えにあたるものです。先の例に倣えば「富士山に登頂する！」とか「エベレストに挑戦する！」という答えが、これに該当します。言うなれば、目標は達成できたかどうかを測定できるものであることが一般的です。「自分の限界に挑戦できたかどうか」は感覚的なものにしかすぎませんが、「富士山に登頂できたかどうか」は、一目瞭然です。

　ちなみに、目標は細分化できます。まずは第一目標として「富士山の七合目を制覇しよう。そしてそこで1泊してから頂上を制覇しよう」というように、です。この場合の最終目標のことを「ゴール」と表現することもあります。

リスクマネジメントが目的・目標達成のアシストツールと言ったが、いろいろな形のアシストがある。重要なアシストの1つがPDCA、つまり継続的改善にある。

 継続的改善!?

 例を挙げて説明しよう。さっき、なつき君が携わったという大規模プロジェクトは、無事に完遂させることができたけれど途中では失敗もあった、とも言っていたね。どんな失敗だった!?

 お客様から「プロジェクト完了の納期を前倒しできないか」という相談のメールをいただいていたのに気付かなかったという失敗です。故意ではないのですが、何週間も無視することになってしまったんです。結局、前倒しができなくなってしまいました。

 ははぁ。よくあるミスコミュニケーションってやつだな。

 お客様からのメールが、なぜかスパムメールとして扱われていたんです。しかも運の悪いことに、その前後2週間ほどは、私が体調不良で休んでいたときでした。お客様からのメール有無に関わらず、普段からもっと頻繁にコミュニケーションをとることを習慣化しておけば良かったって思いました。

失敗から学んだわけだ。ちなみに、そもそもそうしたリスクを事前認識することは難しかったのかい？

今考えれば、1人でプロジェクトリスクを考えていたんで、やや視野が狭くなっていたかもしれません。多分、似たような失敗事例って経験している先輩が多そうですし、もうちょっと、何人かを巻き込んで事前にディスカッションしていたら気付けたかもしれないなって思います。

大事なのはその学習だ。リスクマネジメントをせずにプロジェクトに取り組んでいたら、「お客様ともっとコミュニケーションを取っておけば良かった」という学びだけで終わっていたかもしれない。だが、なつき君はリスクマネジメントをしていた。だからこそ、「次回からはもっと大勢を巻き込んで…」という、より深い学びにつながったとも言えるだろう。

リスクマネジメントをしたほうが、学習効果が大きくなるということですね？

そうだ。リスクマネジメントは目的・目標達成アシストツールと言ったが、その言葉には、仮に達成できなかったとしても、そこからの**学習効果を最大化し、一歩でも二歩でも目的・目標達成に近付ける**という意味もあるんだ。

なるほど！

● チームパフォーマンス最大化ツール!?

リスクマネジメントの2つ目の意義を考えていこう。先に、なつき君が**「無意識のままでもリスクマネジメントが実践できるのなら、わざわざ勉強する必要がないのでは？」**と疑問の声を上げてくれていたが、その答えを考えると自ずと見えてくる。

ビジネスで無意識にリスクマネジメントをやるのには限界があるから、という話をしました。

なぜ、ビジネスでの無意識のリスクマネジメントには限界があると思うんだろう？

 何でだっけ？

 具体例で考えてみよう。君たちが人材採用を任されたとする。例年はものすごく頑張っても10人の採用がせいぜいだった。しかし今後の事業拡大を見据えて、今年度の目標は3倍の30人の採用だ。採用チームのリーダーから施策を考えてほしいと言われた。2人なら、どうする？

 採用施策を考えるにあたって、30人という目標数字の妥当性やその達成がどれだけ必要不可欠なものなのかを知りたいです。

 なぜ、そんなことを知りたいんだい？

 だって、目標さえ達成すればいいんだったら、採用テストの合格基準を極端に低くすればいいだけかもしれませんよ。

 そうそう。採用のために、どこまでコストをかけていいのかもポイントになるわ。応募総数を増やすために、人材紹介会社の数をどこまで増やすのかとか、人材紹介会社に払う紹介手数料をどこまで引き上げるのかとかもあるわ。

 そうしたことを明確にしないまま採用の施策を決定すると、どういうことになる？

 仮に、目標どおり30人を採用できたとしても、採用人材の質が会社の期待と大きくずれている可能性があります。

「目標達成しろとは言ったが、1億円もかけていいとは言ってない！」って叱られるかも。逆にコストをかけるのをためらって施策が中途半端になり、目標人数に到達できないなんてことだってあり得ると思います。

つまり、リーダーが目的・目標達成のためにどこまでリスクをとる覚悟なのか、とらないリスクは何なのかをはっきりさせないと、アクセルをどこまで踏んでいいか分からない。

はい。

それこそが「無意識にリスクマネジメントをやるのには限界がある」という理由だ。**リスクをどこまでとるか・とらないかは、人の立場、性格や経験によって千差万別**だ。

確かに。僕は営業畑が長いから、目標達成のためにちょっと無理しちゃいそう。会社が望んでいない人材を採用してしまうことだってあり得るだろうなぁ。なつきは、また別の考え方をするだろうな。

となると、**リスクマネジメントは意識のずれを補正するツール**ということでしょうか。

正しいリスクマネジメントには、これだけのメリットがある！ 23

そうだ。有意識でリスクマネジメントプロセスに取り組めるようにすることで、「そんなつもりじゃなかったのに」とか「何で達成のために、もっと頑張らなかったんだ」といった意識のずれをなくせる。言ってみれば、**目的・目標達成のためのチームパフォーマンスを最大化するツール**だ。

理解できました！

● 意思決定ツール!?

いきなりだがクイズだ。人間は1日に何回意思決定していると思う？

500回くらいですか？

いやいや、1,000回くらいじゃない？

一説によると、30,000回以上だとも言われている。

えっ!? そんなに!?

この話はリスクマネジメントに何か関係あるんですか？

大ありだよ。**意思決定する際にはみんな頭の中で大なり小なりリスクマネジメントをやっている**んだ。たとえば、なつき君は今朝、何時に家を出たんだい？ そして、なぜその時間に決めたのかな？

今日は月曜日で、他の曜日に比べて通勤電車が混雑する可能性があったのと、朝イチからの先生の研修があって、予習・復習しておかなきゃと思っていたので、家をいつもより早めに出ることにしました。

1時間目：成功者はみんなリスクマネジメントをやっている

はるき君はどうだい？　今日はどうしてその服装で来ようと思ったんだい？

天気予報を見たら最高気温が22度、最低気温が10度って言っていたんです。薄着だと夜に肌寒くて風邪をひきそうだし、厚着だと日中に汗をかきそうだなと。迷った挙げ句、薄着とコートの組み合わせに落ち着きました。

2人ともリスクを考えて意思決定しているよね。

　言われてみると、そうですね。気付きませんでした。

これは個人の意思決定に限らず、組織における意思決定でも同じだよ。たとえば、はるき君は、最近、どんな意思決定をしたかな？あるいはどうしようと悩んだことがあったかな？

営業先に提案書をいつまでに出すかで悩みました。顧客を説得するために、時間をかけて良い提案書を作りたかったんですが、逆に顧客を待たせすぎると印象が悪くなる可能性もあるな、と。

結局、いつ出したの？

即日、提案書を書き上げて出すことにしました。コンペもある話だったので、顧客の印象が悪くなるリスクを回避するほうが、優先度は高いって思ったんです。あと、多少、粗い提案書でも、顧客からフィードバックをもらいつつ段階的に中身を改善していけば品質を担保できるなって。

正しいリスクマネジメントには、これだけのメリットがある！

つまり、提案書を遅く出して顧客の心象を悪くするリスクはとらないことにした。それによって提案書の品質が低下するリスクはあったけれどコントロールできるものだとも考えた。そういうことだね。

そうやって先生に言語化していただくと、改めて僕もリスクマネジメントをやっていたんだと感じます。

つまり、**リスクマネジメントは意思決定アシストツール**と言えるわけだ。逆に言えば、ビジネスにおいてリーダーが意思決定に悩むのは、おそらく、とるリスクが何なのか、そのリスクをどこまでコントロールできるのか、といった情報がはっきりしていないときだ。

組織として**リスクマネジメントの考え方を導入しておけば、そうした意思決定に必要な情報が明らかになりやすく、ひいては意思決定もスピーディに行えるようになる**という意味でしょうか？

そうだ。たとえば、ある国に進出していた企業の多くが、戦争をきっかけに撤退を決めた。すぐに撤退を決めた企業もあれば、時間がかかった企業もある。撤退をすれば長年かけて獲得したその国の市場を失うリスクがあったし、撤退をしなければ風評につながるリスクがあったから、迷ったんだ。

市場を撤退するリスクと撤退しないリスクの種類や論点の例

	撤退するリスク	残留し続けるリスク
リスク	・同国で長年築き上げたブランドや市場を喪失するリスク ・進出先の国民に対して非人道的だと非難されるリスク ・進出先の政府によって施設・設備を強制的に接収されるリスク ・戦争に賛同する消費者の不買運動 ・戦争に賛同する投資家からの投資撤退	・企業ブランドの低下（「平和＜経済」というネガティブブランドの醸成） ・進出先の国民から敵国の企業であると敵対視され、店舗などが破壊されるリスク ・進出先の政府による施設・設備の接収 ・戦争に反対する消費者の不買運動 ・戦争に反対する投資家からの投資撤退
論点	・いずれのリスクが大きいのか？ ・その大きさはどれだけ正確な情報に基づくものか？ ・組織が絶対にとらないリスク、とってもいいと思っているリスクは何か？ ・コントロールできるリスクはどれか？　どこまでコントロールできるのか？	

撤退の意思決定速度に差があったのはなぜでしょうか？

双方のリスクを比較しきれず判断しかねたという企業もあっただろう。だが、ビジネスでは意思決定の遅れが組織の致命傷になることも少なくない。そういった意味でも普段から、リスクマネジメントを実践しておかないと、意思決定スピードがますます遅れる。

スピーディな意思決定をアシストするリスクマネジメントを普段からいかに実践しておくことが大事であるか、ということですね。

そういうことだ。

● 業務の生産性向上アシストツール!?

いきなりだが、君たちが数人の仲間と会社を立ち上げることになったとする。まず気にすることは何だい？

一番は「どうやって稼ぐか」じゃないですか？

では、まだどこにもない企業の生産性を劇的に向上させるソフトウェアを思い付き、それを開発・販売して稼ぐことを決めたとする。そのときに最も気になるリスクは何だい？

正しいリスクマネジメントには、これだけのメリットがある！　27

初期段階なので、お金をどうやって調達するか？ どうやって開発するか？ 開発した製品をどうやって世の中に知らしめるのか？ とかじゃないでしょうか。

調達した資金では足りなくなるっていうのも怖いかな。あとは開発委託先が倒産して、製品自体が作れなくなっちゃうとか…。

最大のリスクは、どうやって自分たちの飛行機を滑走路から飛び立たせるかってことだね。起業直後から飛び立った先のリスクのことをあまり考えても仕方がない感じかな。

そうですね。

資金枯渇や倒産リスクを考えるにしても、やれることは多くなさそうだね。あとはプランB…つまり、**いざというときにどう対応するか考えておくこと**くらいかな。その対応のことを専門用語ではBCPや危機管理と呼ぶ。

はい。

BCPや危機管理

　いざというときにどう対応するかを考えた備えや活動の典型として、BCPや危機管理があります。BCP（事業継続計画）とは、組織の中核事業を中断させるような事態に見舞われそうになったとき、あるいは見舞われたときに、経営が望むスピードとレベルで事業を継続・再開できるようにするための平時からの備えや活動のことを意味します。

なお「中断させるような事態」とは、滅多に起こらないものの、一度起こると経営に大きな影響をもたらすものを示します。具体的には、地震や風水害、火災・爆発、サイバー攻撃、主要サプライヤの倒産、経済危機などが挙げられます。
　また、「継続・再開できるようにするための平時からの備え」としてはたとえば、備蓄品や有事の通信手段の確保、いざというときに誰が何の情報をどうやって収集するか、誰がどこに参集して何を議論して誰に何のコミュニケーションをとるのかを決めておくことなどがあります。

無事にソフトウェア開発を終え、10件弱の顧客を獲得することもできた。会社が少し大きくなって従業員が20〜30人くらいの規模に成長できたとしよう。その場合に気になるリスクって何だと思う？

気にすべきリスクは変わりますね。

そうだね。会社を飛行機にたとえるなら、一度飛び上がった飛行機のエンジンが故障したり、ものに衝突したり、操縦ミスで墜落させてしまわないような配慮が必要になりそうだね。

ビジネスを軌道に乗せたいので、資金枯渇といったこれまで気にしてきた大きな事故だけではなく、企業信用を落とすような不祥事は避けなきゃですね。

不祥事という点では気にすべき法律も増えてくるだろうね。たとえば、従業員が10人を超えてくると就業規則が必要になるしね。社員数や業務も増えるわけだから、ミスや事故も比例して増えそうだね。つまり**企業が大きくなれば気にすべきリスクの種類も量も格段に増える**ということになる。

ですが、20～30人規模なら零細企業ですし、やっぱりリスクのこと考えている余裕はないのでは？

それにしたって、同じ事故が繰り返し起こることを許容するのは、かえって非効率だよね。だから、**起きた事故に対する対応や再発防止という考え方が重要**になる。

事故対応や再発防止も、リスクマネジメント活動の一環なんですか？

立派なリスクマネジメントだ。**一度起こった事故はまた起こる「かも」しれない嫌なこと**だからね。さて、会社がさらに大きくなったとしよう。今度は従業員が100人くらいまで成長したとする。事業も1つだけでなく2つくらい手掛け始めた。何が気になる？

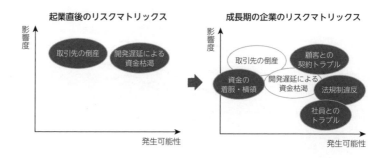

さらに気にすべきリスクの種類や量が増えるんだと思います。複数の事業をやるのであればなおさらです。

 少なくとも、起業直後のような、BCPや危機管理、事故対応や再発防止さえ考えておけばいいということでもなさそうだね。いずれも「一大事が起きたこと」を起点に考えるアプローチだったからね。

 「起きたこと」だけでなく「起きないようにすること」、つまり**会社が大きくなればなるほど未然防止の考え方がより重要になる**という気がします。

 そうだね。事故が起きる前に防げることはたくさんあるはずだ。たとえば、現金を直接取り扱う業務では、ミスや不正で計算が合わないなんてことはよく知られたリスクだ。それが分かっているのに、**事故が起きてから再発防止を考えるプロセスだけに頼るのはかえって非効率**だね。

 確かに。

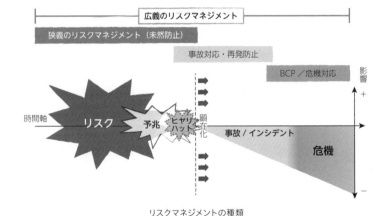

リスクマネジメントの種類

だからこそ実は、**上場企業などでは最初から必要最低限のルールを整備しておきなさい**と法が求めている。たとえば、法規制を確実に守れるようコンプライアンスに関するルールや教育、違反を見つけたときの通報の仕組みなどを設ける必要がある。ちなみにこうしたルールのことを内部統制と呼ぶ。

内部統制

　内部統制の内部とは会社の内部のことであり、統制とはコントロールのことです。つまり、内部統制とは、会社内部のルールや仕組み、対策のことを指します。会社法によってその整備が求められています。会社内部のルールや仕組みとなる対策は、一般的に規程や規則として整備されます。

　規程や規則にはいろいろな種類がありますが、たとえば会社全体に関わる組織規程、稟議規程、就業規則、賞与規程、給与規程や、業務に関わる在庫管理規程、販売管理規程、購買管理規程などがあります。

　内部統制は、企業の経営者や従業員が法令や規則を遵守し、投資家に向けた財務報告の信頼性を高めるために欠かせないものであり、企業の健全な成長と持続可能性を支える重要な要素です。

会社の成長に合わせて、リスクの力点もリスクへの立ち向かい方も変わっていくし、変えていくべきだということを理解しました。

BCPや危機管理、事故対応や再発防止、未然防止といった活動は、「何となくやれるならやったほうがいい」というものではない。**リスクマネジメントは、企業の生産性という観点からも取り組んだほうが断然得、やって当たり前のもの**だということさ。

さしずめ、**リスクマネジメントは生産性向上のアシストツール**ってところですね。

そのとおりだ！

● 環境変化への対応支援ツール！?

先ほどの会社の続きを話そう。ついに会社が1,000人規模になり上場もできた。すると投資家たちの期待に応えていかなければいけない。つまり、企業価値を大きくさせていかなければいけない。

そのためには新たな魅力ある製品・サービスを開発したり、新規事業に手を伸ばしたりと、次から次へとやることが増えていきそうですね。

そうだ。業容は広がり、規模も拡大していくことになる。リスクの種類や量も増える。比例して、管理するための仕組みも、従うべき法律も増える。

会社としてそれらの仕組みが整備されれば、そんなに心配しなくてもいいということでしょうか？

残念ながらそんなことはない。仕組みが導入されていても形式的なものでは意味がないからね。それに未然防止といっても、組織にとってそれが既知のリスクならば対応のしようもあるだろうが、新規事業などで、組織が知識・経験を持っていないリスクに対峙しなければならないとき、コトはそう簡単にいかなくなる。

未然防止といっても、知識や経験を持っている・持っていないで変わってくるというわけですね。

たとえばビットコインがまだ暗号資産ではなく仮想通貨と呼ばれていた頃、そこに使われているブロックチェーン技術は堅牢で盗むことは不可能だと言われていた。しかし、数百億円盗まれた企業があった。

 数百億円!? えぇー!

 セキュリティ管理がずさんだったためだ。まだ業界全体で、知見も被害事例もさほど多くなかった時代だったし、企業としても未成熟で「当然やっておいたほうがいいリスク対策」に対する当事者意識も知識も弱かったと言わざるを得ないだろう。

 なるほど。

 事業環境がいきなりガラリと変わってしまうことだってある。たとえば、パンデミックなんかでは、みんなにマスクを着けさせるなど、一時的な行動変容につながる場合もあれば、リモートワークの普及のように恒久的な行動変容につながる場合もある。

 そのとおりですね。

つまり、**望むと望まないとに関わらず、企業を取り巻く事業環境は変わっていくから、その変化に合わせて、リスクを認識し、評価し、対策を変えたり、新たな対策を講じたりする必要がある**ということだ。会社で分かりきっているリスクに対応するためにルールを整備できたとしても、新しいビジネスに手を出せば前提条件が変わる。だから、リスクの再評価を行い、ルールの再整備が必要となる。

変化に適応するツールだという事ですね。

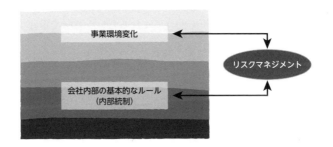

そうだ。言うなれば、**リスクマネジメントは変化への適応アシストツール**だ。

おおっ、なんかリスクマネジメントの魅力が増した気がする。

ここまで先生の講義を受けて、リスクマネジメントはいい事づくしですね。やらない組織がバカを見るくらいと言っても言いすぎではないくらい。

いい事づくしだけれど、中途半端にやるとむしろ毒になる可能性があるから気を付ける必要がある。その点は、このあとの講義で説明していこう！

はい！

講義ノートまとめ

組織がリスクマネジメントを実施すべき5つの理由

☐ 目的・目標達成をアシストしてくれるツールである
- リスクマネジメントは目の前の目的・目標の達成確度を向上してくれるだけでなく、仮に達成できなかったとしても、そこからの学習効果を最大化し、次に挑戦する際の助けとなってくれる

☐ チームパフォーマンスを最大化してくれるツールである
- リスクをどこまでとるか・とらないかなどについて、組織の中でも人によってブレが生じやすい。故に、リスクマネジメントは、こうした意識のずれの補正を助けてくれるという意味で重要である

☐ 意思決定をアシストしてくれるツールである
- 人も組織も、重大な意思決定を行う際にリスクを勘案して行っている。故に普段からのリスクマネジメントへの取り組みは、組織が重大な意思決定をする際に適切な情報を提供し、スピーディな意思決定を可能にしてくれる

☐ 業務の生産性を向上してくれるツールである
- リスクマネジメントには、いざというときのためのBCPや危機管理、事故が起きた際の対応や再発防止、未然防止活動など、業務の生産性向上の観点からも、リスクマネジメントは必要不可欠である

☐ 事業環境変化への対応をアシストしてくれるツールである
- 企業が必要に応じてさまざまなルール整備を行っても、事業環境変化とともにルールが陳腐化したり、新たなリスク対応が必要になったりする。故に、そうした環境変化にいち早く組織を適応させるという意味でも、リスクマネジメントは必要不可欠である

2時間目

成功したいなら誰でもこれだけは絶対に押さえよう！

1時間目は、リスクマネジメントはなぜ成功を手助けするツールであるのかを勉強しました。では、実際にリスクマネジメントを成功させ、目的・目標達成を成功させるには何が必要なのでしょうか。押さえるべきポイントを解説していきます。

「登る山」をパッと一言で答えられるか？

 ここでは「**リスクマネジメントをするなら、いつでも誰でもどこでも最低限、これだけはやっておきなさい**」という話をしよう。

 ぜひ知りたいです！

 リスクマネジメントは目的・目標達成のアシストツールだと教えたが、言い換えれば、**目的・目標、すなわち組織としての「登る山」がはっきり定まっていないとアシストしようがない**という意味でもある。

 はっきり定まっていないと、どうなるんですか？

 目的地を決めずに旅行の準備を進めるようなものだ。エベレストへ登るのに日帰り旅行に行くような格好をしたり、高度数百ｍの高尾山へ登るのに数週間ビバークできるような重装備を用意したりと、チグハグな準備をするようなものだ。

 こわっ…。

 最悪、**目的・目標達成確度を下げることにつながりかねない**。

そもそも**目的・目標が設定されていないなんてことがあるんですか**？

あるよ。実際に、事業単位でリスクマネジメントの仕組みを入れたいというクライアントがいたんだが、事業の目的や目標、計画の有無を聞いたところ、部門・部署ごとの目的・目標などはあるが、事業単位でそうしたものは作っていないということだった。

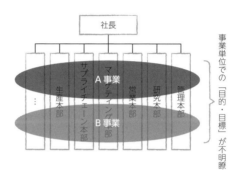

あるんだ…。

「事業単位でリスクマネジメントをしたいのであれば、まず、事業ごとの目的・目標を明確にすることからですね」という話になったよ。これは、プロジェクトのリスクマネジメントだろうが、会社全体のリスクマネジメントだろうが、どんな場合にも当てはまる話だ。

気を付けます。

さらに「わざわざ言わなくても分かるよね」的な感じで済ませてしまうようなケースも要注意だ。**組織のリーダーが目的・目標を言明しないまま「リスクをコントロールしなさい」といった指示**を出すようなものだ。

僕はメンバーに「リスクがあったらいつでも報告しなさい」って言っているけれど…まさにこれだ…。

それ以外にもよくあるのが「**目的・目標がたくさんありすぎる問題**」だ。

え!?　何ですか、それ？

「二兎を追うもの一兎をも得ず」っていうやつさ。的（マト）がはっきりしていても、多すぎるとどれを狙えばいいか迷うだろう？　企業が掲げる目標はたくさんある。

企業が掲げる目標例
・ 持続可能な成長
・ 短中長期的な企業価値向上
・ 人命保護
・ 品質維持向上
・ 環境保全
・ 安定供給　など

頭がくらくらしてきます。それだけ「登る山」があると、何を意識してリスクを考えればいいか、分からなくなりそうです。

ちなみに「**目的・目標がたくさんありすぎる問題**」ってものは厄介でね、目的・目標同士の相性が良くない場合もある。たとえば、企業成長と環境保全は相反しやすい。売上を伸ばすために生産量を増やせば、それだけ二酸化炭素量が増えてしまう可能性がある。

どの「登る山」を考えるか？　もさることながら、複数あった場合にどの「登る山」を優先するか？　を考えておくことも大事だということですね。

相反するリスクマネジメントの目的

リスクマネジメントの目的は、相反することがあります。

たとえば、製薬業界においては、品質と安定供給という目的は相反しがちです。組織が品質を第一に考えるのであれば、ちょっとした品質異常でも、問題の原因究明や再発防止策に納得がいくまで製品製造や供給を止めることを優先すべきでしょう。しかし、製品供給を止めることは、その薬を命綱にしている患者に大きなインパクトをもたらすことになるからと、原因追求や再発防止の手を緩めれば今度は、品質そのものを脅かすことになります。

また、情報セキュリティを第一に考え、徹底したリスク管理策を導入すれば、業務の生産性向上という目的に影響を与える可能性があります。その逆もまたしかりです。

組織は部門横断の意見調整組織を設けたり、あらかじめ優先順位を付けた基本方針を制定するなどしたりして、こうした相反するリスクマネジメントの目的について解決を試みることになります。

まさにそういうことだ。その意味でも、どの山に登るためにリスクマネジメントというツールを使うのかをはっきりさせることは極めて重要だと言えるんだ。**リスクマネジメントをやっている組織の人に「目的や目標は何ですか？」と尋ねたときに、誰も具体的に即答できない場合は赤信号**だと思ったほうがいい。

　はい！

「登る山」をパッと一言で答えられるか？　41

講義ノートまとめ

主な論点

□「登る山」とは何か？

□「登る山」を見失うとどうなるのか？

□ どうして「登る山」を見失うのか？

論点に対する答えやヒント

□「登る山」とは何か？
　・組織が掲げる目的や目標のことであり、リスクマネジメントを通じて達成を目指したいもののこと

□「登る山」を見失うとどうなるのか？
　・目的・目標達成の確度向上どころか、達成確度を下げることになりかねない

□ どうして「登る山」を見失うのか？
　・目的・目標がそもそも設定されていない
　・目的・目標について言明されていない
　・目的・目標がたくさんありすぎる

あなたの「登る山」への想いは本物か？

プライベートでもビジネスでも、成功する人・組織はリスクマネジメントを実践できていることが多いという話をした。ただ、ビジネスの場合は「言葉に出して言わなくても分かるでしょ」的なリスクマネジメントでは限界があるとも言った。それはなぜだったか覚えているかい？

プライベートと違って、リスクをどこまでとるか・とらないかなど、**リスクマネジメントに対する基本的な考え方が人によってブレることが多いから**だと思います。

モチベーションもブレるよね。**プライベートではより自分ごとになりやすく、その山に登りたい！　っていう想いの強さがあるからリスクマネジメントも当たり前にできる**んだと思う。僕が何としても英語をモノにしたかったみたいに…。

モチベーション…。なるほど。では聞くけれど、ビジネスだと「この山に登りたい！」って強いモチベーションを持っている人っていないのかな？

リーダーは強い想いを持っていると思います。結果を出すこと、つまり目標達成こそが責任でもありますし。

確かに…。営業本部の目的・目標であれば、事業本部長が誰よりも達成しなきゃって思っているはず。

はるき君の**「想いの強さ」セオリー**に基づけば、プライベートのリスクマネジメントと同様に、ビジネスでのリスクマネジメントを成功させるためには、**目的・目標の達成をコミットしている組織のリーダーが、リスクマネジメントでもリーダーシップを発揮すればいい**ということにならないかな？

そのとおりです！

理屈は通っていますが、それって現実的なのでしょうか？　たとえば、経営目標であれば一番達成したいのは社長ですよね。その論理だと社長が自らリスクについて考えるべきだ、となってしまいますよね。

そんなにおかしいことかな？　「忙しい社長が自ら経営目標に関するリスクについても考えるなんて…」って言うことだろうけれど、経営目標に関するリスクだからこそ社長が考えるべきだと思わないかい？

それは確かに。

44　2時間目：成功したいなら誰でもこれだけは絶対に押さえよう！

別に社長が1人でリスクを全部考えろという話をしているわけじゃないんだ。少なくとも**リーダー自らが誰かに丸投げせず、リスクマネジメント活動に関与していくべき**だという話さ。細部にわたってリーダーが決める必要はないが、リスクは何だとか、どういう姿勢で臨むべきかということを示せたらいいよね。

確かにそのとおりですね。

それはなつき君が担当したというプロジェクトも同じ話だったと思うよ。なつき君は自らリーダーとしてリスクについて考えたと言っていたが、それを他の人に任せていたら、果たしてどこまでうまくいっていたかな？

任せてもうまくいった可能性はありますが、そうでなかった可能性もあると思います。実際、私は先輩に話を聞きに行きましたが、誰かに任せていたらそこまでやっていなかったかもしれないです。

プライベートの実践を組織に持ち込む…。発想が面白いですね。

最後に1つ質問です。リーダーシップの発揮の仕方についてです。リーダーシップといっても、やりすぎたらどうしたって忙しくなりそうですが、具体的にどこまでどうすればいいんでしょうか？

いい質問だ。それは次の講義で説明しよう！

講義ノートまとめ

主な論点

□ ①プライベートでの成功者にリスクマネジメントを実践できている人が多いのはなぜ？

□ ②ビジネスにおいて、プライベート同様にリスクマネジメントを上手に実践できるようにするための最大のコツは？

論点に対する答えやヒント

□ ①プライベートでの成功者にリスクマネジメントを実践できている人が多いのはなぜ？
- ・どこまでリスクをとるのか、とらないのか、とるために何をするのかといったリスクマネジメントの基本的な部分について意識のブレが生じないため
- ・プライベートでは、より自分ごとになりやすいので、そもそも何かを成し遂げたい！　…つまりその山に登りたい！　という想いの強さも要因にある

□ ②ビジネスにおいて、プライベート同様にリスクマネジメントを上手に実践できるようにするための最大のコツは？
- ・目的・目標の達成をコミットしている組織のリーダーが、リスクマネジメントを実践する張本人になること
- ・リーダー自身が、達成したい目的・目標に関係する重大リスクは何かということや、どういう姿勢で対応にあたるべきかということを議論できることが望ましい

みんなの「登る山」への想いは本物か!?

リスクマネジメントでもリーダーこそがリーダーシップを発揮すべきということは分かりましたが、「何でもリーダーがやる」となっていては大きな組織運営ができないのではないでしょうか？

その疑問は正しい。リスクマネジメントも場面によっては仲間に任せることが正しいだろう。ただし単に任せるだけだと「想いの強さ」問題に逆戻りしてしまう。どうしたらいいかな。

単純に考えれば、任せた人にリーダーと同じ想いを持ってもらえればいいわけですよね。どうやるかは別にして…。

そういうことだ。お互いに話し合ってその想いを伝えればいいさ。企業における多くの問題は、その想いを伝えないままリスクマネジメントを任せていることさ。言わなくても分かるだろうってね。

想いを伝えるといってもどう伝えればいいんでしょうか？

メンバーが頭の中に具体的なイメージを思い浮かべられるよう、具体的に伝えることが大事だ。たとえば、はるき君。君が1泊2日の北アルプス登山のリーダーだとしたら、自分がどこまでリスクをとりたいか・とりたくないかをどうやって仲間に伝える？

僕は遭難事故の動画を見たことがあるんで分かるんですが、ちょっとした油断で道に迷って想定以上の滞在を強いられることになり、低体温症になって亡くなる人が多いんですよね。絶対にそういう事態に陥りたくないです。

すごくイメージできるわ。

逆に北アルプスを制覇するためには、どれくらいまでなら無理する覚悟がある?

健康を損なわないことが大前提ですが、1泊延長すれば完遂できるなら頑張ってもいいかな。

そう、そんな感じだ。では、なつき君も練習だ。仮に君が化粧品製造販売事業の事業部長だとする。目標やその達成のためにとるリスク・とらないリスクなど、君が自由に決めていい。どうする?

ええ、そうですね。こんな感じでしょうか?

登る山

- 売上前年比20%成長
- 営業利益率は昨年と同レベル

制覇するためにとるリスク

- 売上目標達成のためなら、最悪、営業利益率を数%犠牲にするのもやむなし
- 残業すれば目標達成できそうなら、36協定違反を犯さない範囲で昨年を超える残業増加もあり

絶対にとらないリスク

- 法律や倫理に反することに手を染めて販売を伸ばそうとすること。世の中でよくニュースになるような品質不正などもってのほか

はるき君、どうだい? 頭の中にイメージできるかい?

はい。分かりやすいです。リーダーから「君がリスクマネジメント担当だ! よろしく頼む」って言われるだけとは全然違いますね。

ちなみに「当社は現場第一主義。だから現場がリスクマネジメントをやれ」と主張するリーダーがいる。**現場第一主義だからと言ってリーダーが部下にリスクマネジメントを丸投げするのは筋違いだ。任せるにしても最低限、リーダーが伝えるべき想いというものがある。**

任せるにしても任せ方があるということですね。

そうだ。**リーダーには、目的・目標達成をコミットする者としての想いを適切に言語化する責任がある。**君たちもぜひ、このことを忘れないでほしい。

はい！

私の覚悟
とるリスク
とらないリスク
…

みんなの「登る山」への想いは本物か!?　49

講義ノートまとめ

主な論点

☐ ①リスクマネジメントはリーダーが率先垂範するしかないのか？

☐ ②どうすればリーダーの想いを正しく仲間に伝えることができるか？

論点に対する答えやヒント

☐ ①リスクマネジメントはリーダーが率先垂範するしかないのか？
- リスクマネジメントはリーダーによるリーダーシップが必要不可欠。だからと言って、リーダーがリスクの洗い出しから対策までのすべてを考える必要はない
- リーダーとしてリスクマネジメントに対する基本的な考えを示せるかどうかがカギである

☐ ②どうすればリーダーの想いを正しく仲間に伝えることができるか？
- リーダーとして達成したいと思っている目的や目標が何であるのか、それをどれだけ達成したいのか、そのためにどこまでリスクをとれるのか、あるいはとりたくないのかを言語化して伝えることが大事

リスク抽出の最低限の勘どころを押さえられているか!?

● 抜け漏れなくリスクを洗い出す方法

先生、ズバリ聞きます。抜けや漏れがなくリスクを洗い出すにはどうしたらいいんでしょうか？

リスクマネジメントの頻出質問のNo.1だろうね。たとえば、君たちは今からラーメンを作ることになったとする。「その際のリスクを洗い出しなさい」と言ったらどうする？

ラーメン？ リスク？ 簡単ですよ。ええっと…。分量を間違えてまずい料理を作ってしまうリスク！

あとは何かしら。えっと、あると思っていた材料がなくて、思ったとおりの具材が入ったラーメンにならないリスク…とか？

うーん。あとは何だろう…。意外に、パッと出てこないもんだな。

他にもあるだろう？　たとえば、料理の最中に包丁で指を切ってしまうリスクとか、せっかく完成したラーメンをテーブルに運ぶ途中に落としてしまうリスクとか…。

- 分量を間違えてまずい料理を作ってしまうリスク
- あると思っていた材料がなくて、思ったとおりの具材が入ったラーメンにならないリスク
- 料理の最中に包丁で指を切ってしまうリスク
- せっかく完成したラーメンをテーブルに運ぶ途中に落としてしまうリスク
- 賞味期限の切れた食材を使ってしまい、食中毒になるリスク
- ガスコンロが壊れ、お湯を沸かせずラーメンを作れないリスク

 怪我をするなんてリスクもありましたね。味に関するリスクのことばかり考えてしまっていました。先生はなぜそんなにポンポン、リスクを洗い出せたんですか？

 簡単だよ。ラーメンを作る際に**重要視すべき目的**と**目的達成に必要な要素**を考えたからだよ。

 あぁ！　なんか昔、習った気がしてきた…。

 重要視すべき目的とは「登る山」のことだ。そして**目的達成に必要な要素**とは「目的達成に影響を与え得る要素」のことだ。ヒト・モノ・情報・カネなど有形・無形の経営資源やプロセス、仕組みなどの観点から考えるといいだろう。試しに、この考え方でリスクを書き出してみようか。

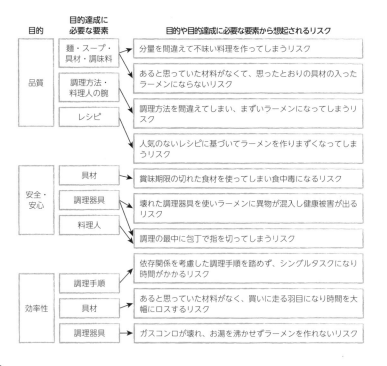

先生に「ラーメン作る際のリスクは何?」って聞かれて、私は、そのまま答えを探し始めてしまいました。それが間違いのもとですね。

なるほどと思いましたが、先生、その目的や目的達成に必要な要素ってやつを、そんなにうまく出せるか自信がありません。

大事なことは、いきなり「リスクの洗い出し」を始めるのではなく、複数人でディスカッションするなどして、目的や目的達成に必要な要素から整理し始めることだ。もちろんこのアプローチをとったところで完全無欠の洗い出しができるとは言わない。だが、リスク洗い出しの大きな落とし穴を防ぐのには十分に役に立つ。

段取りが大事ってわけですね。

先生に教わったアプローチをすぐにでも使ってみたいって思いました!

リスク抽出の最低限の勘どころを押さえられているか!?　　53

せっかくだから、よくある目的の例を教えておいてあげよう。今後リスクアセスメントをする際の参考にするといいだろう。

プロジェクトとしてよくある目的の例

- 満足のいく品質を実現すること
- 納期を遵守すること
- 予算内に抑えること

部門としてのよくある目的の例

- 部門の目的・目標、重点施策の実現
- 法令遵守
- 人材育成
- 顧客信用の維持・向上
- 機密情報保護
- 業務の生産性の向上
- 業務の継続の確保
- 業務の正確性や効率性の向上

会社全体としてよくある目的の例

- 持続可能（サステナブル）なビジネスの確立
- ブランドの維持・向上
- 有効な戦略立案とその実行
- コンプライアンス
- 業務の有効性・効率性の向上
  - 情報保護
  - 環境保護
  - 品質向上
  - 人的資源の確保
  - 労働安全衛生
  - 事業継続
  - 生産性の向上
- 正確な財務諸表などの作成・報告

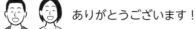 ありがとうございます！

● リスクが隠れている場所はどこか

 魚を捕まえる際にはその生態系を理解するのが必要不可欠だ。たとえばナマズは、水底の泥や沼の中に掘った穴、すき間に隠れていることが多いとされる。それが分かれば捕まえ方も自ずと見えてくる。

 リスクマネジメントの講義なのに、魚の講義ですか？

 この例と同じように、リスクを捕まえる、つまりリスクを捉えるなら、リスクの生態系、つまりリスクが潜んでいることが多い場所を知っておくことは大事だということさ。

 ぜひ知りたいです！

 結論から言うと、リスクは**血流の悪い場所に潜んでいると思うことが肝要**だ。

 血流の悪い場所？

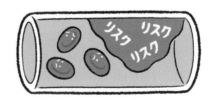

 組織図を人間の血管の流れだと考えるんだ。その**血流のどこかに流れの悪い箇所がないかを考えることがリスク洗い出しのヒントにつながる**という意味だよ。コミュニケーションが詰まっている箇所を探しなさいということだ。

 待ってください。まだ分からないです。組織図を見てコミュニケーションが詰まっている箇所って分かるんでしょうか？

だよな。組織図のレポートラインはそもそも普段コミュニケーションが発生している箇所を表しているよね。それとにらめっこしたってどこが詰まっているかなんて分からないよね。

そんなことないさ。はるき君が今言ってくれたことが答えだ。組織図が血流の良い箇所を示すのなら、**レポートライン以外の箇所に血流の問題を抱えている可能性がある**ということだ。「当社は、縦割り組織で…」なんてのも、そういうところから出てくる発言だよね。

なるほど…。僕は営業部門にいるけれど、営業部長とはよく会話をする機会があっても、生産部門の人との会話は少ない。たとえばそういうことですか？

ご名答。**リスクは血流の悪い場所に潜んでいる**という意味は、**普段コミュニケーションが行われているところであれば、自然とリスクが拾われる可能性が高いが、そうじゃないところは、リスク情報が流れず、そこに滞留している可能性がある**というわけさ。

つまり、普段会話ができていない人や、組織同士でこそ、リスクの話をしろということですか？

でも、そういう問題が起こらないように、マトリックス組織を作ったり、あるいは委員会とか、連絡会とか、組織横断の会議体を設けたりしていますよね？

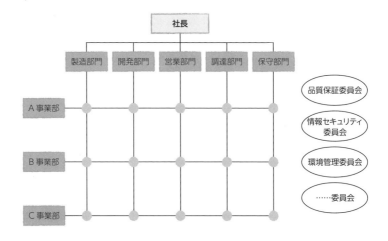

 そのとおりだ。それらが機能しているのならいい。要はそういう箇所を疑いなさいということさ。それに、コミュニケーション詰まりは、何も部門・部署間だけの話ではない。部門・部署内部にも存在する。たとえば、はるき君、営業部内のコミュニケーションはどうだい？

 部長とはよく話すけれど、横の課長連中との会話は…それほど多くないかもしれません。

 仮にそこにコミュニケーション詰まりが起きていたとして、具体的にどうすればいいんでしょうか？

 リスク洗い出しの際に、普段話していない人や組織を巻き込むのが良いだろうね。そもそも**普段から話していない人とコミュニケーションをするから、新たな気付きがある**んだ。新たなリスクの発見につながるかもしれないよ。

 なるほど！

実際、こんな話がある。食品の加工・販売会社でのことだ。納品先から「製品の形状にばらつきがある。何とかならないのか！」と大クレームが入ったそうだ。それを受けて営業は、「品質問題だ！ちゃんとリスクマネジメントをしてくれ！」と製造部に掛け合ったんだ。

あらら…。

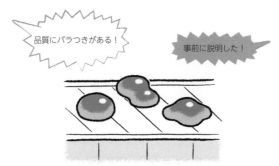

しかし、製造部にも言い分があった。「技術的な理由で製品均一化には限界があると、かねてから営業部には伝えてあったはず。それをきちんと顧客に伝えなかった営業部こそがリスクマネジメント不足だ」と。

コミュニケーション不足ということですね？

営業は営業だけ、製造は製造だけでリスクの話をするのではなく、同じ事業に関係する者として、一斉に集まってリスクについて議論していたら、未然に防げたかもしれない。

納得！

「**組織のどこに血の流れの悪い箇所がないかを考えることがリスク洗い出しのヒントにつながる**」という意味が分かったかな？

よく理解できました！

講義ノートまとめ

主な論点

- ①抜け漏れなくリスクを洗い出す方法は？

- ②リスクが隠れていることが多い場所は？

論点に対する答えやヒント

- ①いきなりリスクを洗い出そうとするのではなく、まずは「目的」と「目的達成に必要な要素」の整理から始めることが大事

- ②リスクが隠れていることが多い場所は？
  - ・組織図を開いて、コミュニケーションの目詰まりを起こしている箇所がリスクが隠れていることの多い場所である
  - ・組織図にレポートラインが存在していない組織横断箇所や組織内部のコミュニケーションに目詰まりがないか気にしてみよう

あなたの力の入れどころはあっているか！?

● 網羅的であることを捨てよう！

ここまで、抜け漏れなくリスクを洗い出す方法や、リスクが潜みやすい場所についての講義をしてきたが、実はもっと大事なことがある。

抜け漏れなくリスクを洗い出すことよりも!?

ある。それは、**リスク洗い出しの網羅性を意識しすぎてはいけない**ということだ。

どうしてですか？　すべてはリスク認識をしないと始まらないじゃないですか？

リスク認識をやるなと言っているわけじゃない。無限に時間があるのなら網羅的であろうとすることもいいだろう。だが、実際は時間的な制約がある。**生産性向上の一助となるはずのリスクマネジメントが、本業の時間を奪いすぎては本末転倒**だ。もっと**時間の使い方を考えてほしい**んだ。

ですが、手を抜いてしまうと、大きなリスクを見逃すかもしれないという恐怖感があります。

その気持ちは分かるよ。では世の中の事例を振り返ってみよう。大きなリスクを見逃して大怪我をした事例にはどんなものがあるかな？

品質データ改ざんの事例が多いですね。最近ではサイバー攻撃のせいで生産がストップしてしまう事件も少なくないですよね。

社員が会社の顧客データを持ち出して外部に流出させる事件もあったわ。あとはSNSなどの不適切発言で風評被害に発展するというケースもあるわ。

君たちが挙げてくれたものは企業が認識できていなかったリスクだったんだろうか。**そのほとんどはリスク認識ができていなかったから起きたものではない**はずだ。むしろリスク対策が甘かったり、組織文化の問題から起きたものが多いだろう。

過去に起きた事件・事故

企業名	発生月	概要
ベネッセ	2014年6月	委託先から大量の個人情報流出
マクドナルド	2015年7月	仕入れ先(中国工場)による異物混入
旭化成	2015年10月	マンション傾斜につながるデータ改ざん
電通	2016年9月	広告費の過剰請求、過重労働問題
DeNA	2016年12月	キュレーションサイトで著作権侵害、誤情報発信
アスクル	2017年2月	関東の中核となる配送センター倉庫大火災
日産自動車	2017年9月	完成車の無資格検査
神戸製鋼	2017年10月	不適合製品に関する検査結果改ざんまたはねつ造
レオパレス	2018年4月	界壁の非施工または不備
セブンpay	2019年7月	不正アクセスによるサービス停止
リクルートキャリア	2019年8月	個人情報保護法に抵触し、サービス停止
ルネサス	2021年3月	工場火災で数カ月にわたる操業停止
LINEヤフー	2021年3月	不正アクセスで個人情報405万件流出、行政指導へ
三菱電機	2021年7月	長期間にわたって品質不正が発覚
三幸製菓	2022年2月	建物火災により従業員に死傷者
日野自動車	2022年6月	エンジン認証データの不正
KDDI	2022年7月	システム障害による大規模通信障害
ダイハツ	2023年4月	安全認証で不正、損失1,000億円超も
小林製薬	2024年3月	製品に意図せぬ成分混入でリコール

確かに…。

リスクの認識不足によって被害のあった企業がゼロだとは言わない。2016年に博多で起きた道路陥没事故はその典型例だ。そんな事故が起こるなんて想像できた企業は皆無だっただろう。ただ、そういうケースは稀だ。

では、どういった活動にもっと時間を振り分けるべきでしょうか？

リスク特定に時間をかけ過ぎるくらいなら、その時間をリスク対策の検討やその実効性の検証、組織風土の醸成に時間を回すべきだろうね。あとは**事故が起こってしまったときへの備えにも時間を振り分けるべき**だ。世の中の大事件・事故を見てもそれが分かるだろう。

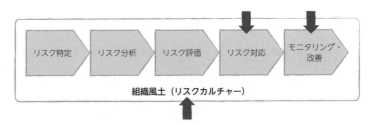

組織風土の醸成って、どんな活動のことですか？

組織風土はリスクカルチャーとも呼ぶが、「こういうリスクはどんなに些細に見えても上司にすぐに報告を上げるのが我々だ！」とか「いついかなるときも嘘や誤魔化しはしないのが私たちだ」みたいにルールの有無に関わらず、メンバーが当然に持っている組織固有の意識みたいなものかな。

あ、それ、大事だと思う。リスクを見つけても「あの上司に言ってやるもんか」って思われたらアウトだもんね。

私もリスク特定だけで満足していることがあるかも…。

誤解を恐れずに言うなら**「リスク洗い出しなんて大いに抜け漏れて結構」**くらいの気持ちを持って臨んでほしい。それくらい「割合を間違えている企業」が多いからだ。

はい。

誤解のないように言っておくと、リスク洗い出しに労力をかけたほうがいい企業もある。電気、ガス、水道、通信、金融など、社会インフラを担う企業や、人の生死に関わる製品・サービスを提供している企業だ。これらの企業では「リスクはとるものではなく、限りなくゼロに近付けるべきもの」という考え方になる、ということだけは補足しておくよ。

納得しました！

目標達成の最も狡猾な敵は完璧主義

　ウォールストリート・ジャーナルなどで何冊ものベストセラーを出しているモチベーショナルスピーカー Jon Acuff 氏が、目標達成を阻害する最大の要因は完璧主義であることだと述べています。ときとして網羅性を追求しないほうが、良い結果を得る可能性が上がることを示す1つの証明です。

　以下は、彼の著書『Finish：Give Yourself the Gift of Done』からの抜粋です。

> 　研究によると、新年の抱負の92％が失敗に終わると言われています。ジュリアード音楽院でバレリーナになるよりも、目標を達成するほうが難しいかもしれません。
>
> 　長年、私は自分には十分な努力が足りないと思っていました。そこで、より早く起きるようにしました。馬を殺すほどのエナジードリンクを飲みました。ライフコーチを雇い、スーパーフードをたくさん食べました。それでもうまくいかず、ただカフェインのせいでかなり速いペースで目が震える「まぶた痙攣」を発症しました。それは、とても速くあなたに手を振っているようなものでした。
>
> 　その後、30日間のオンラインコースで人々が目標に取り組むのを助ける役割を担う中で、驚くべきことを学びました。最も効果的だったのは、人々にもっと頑張らせる練習ではなく、逆にプレッシャーを取り除く練習でした。
>
> 　なぜでしょうか？　それは、**目標達成の最も狡猾な障害は怠けではなく、完璧主義**だからです。私たちは自分自身の最悪の批評家であり、完璧にできない見込みがあるときは、そもそもやらない方を好むからです。だからこそ、ほとんどの人は「完璧な翌日」、つまり予想よりも成果が出ない2日目に諦めがちです。

　著者は、そもそも人間には"計画的な誤算"をする性質があると述べています。将来の課題を完了するために必要な時間について、恐ろしく楽観的な予測をする傾向があるという意味です。

　最初から完璧を目指さないことは、一見すると非常に危険な思想に見えますが、実は有効な戦略の1つなのです。

●「万が一」にも時間を割こう！

世の中には、いちいち立ち止まってリスクのことを考えている暇なんてない、と考える経営者もいる。それ以前に、そもそもリスクをとって成長を目指さないと話にならん、とね。しかし著しい成長を目指して成功した経営者がこんなことも言っている。

> 自然の脅威の中でも最も恐ろしいのはおそらく雷である。
> …中略…
> そのために雷があなたの頭から入って内臓を貫き、足の裏から抜けなければならないとしたら …運が悪かったと諦めるしかない。こうしたことをじっくり考えていたら、山の上で正気を保ってはいられない。だが優秀な登山家はあまり正気とは言えない人々である。私は名登山家などではないが、山に登っているときは「どんな悪いことが起こり得るか」を常に胸に問いかけている。
> …中略…
> たいてい、最悪の事態は起こらない。だが、もし起きたら…もしその万が一、うんこが扇風機を直撃するような事態が本当に起きたら？ そうしたらあなたがバケツとモップを持って、現場に駆け付ける。カッパを着て、完全防備で成功者とうんこまみれで終わる人の明暗を分けるのは、そういう類いのことなのだ（マーク・ランドルフ）。
>
> 出典：マーク・ランドルフ『不可能を可能にせよ！ NETFLIX 成功の流儀』

「ただリスクをとっているように見えるかもしれないけれど、そんなことはない。その実、最悪の事態も含めてリスクのことを徹底的に考えているんだよ」ということですね。説得力があります。

どれだけリスクをとることに貪欲な企業であっても、これだけはやっておくべきというものがある。たとえば、はるき君がスポーツカーレーシングのドライバーだとする。勝つためにはアクセル全開で戦う必要がある。君がマシンに求めるものは何だい？

あなたの力の入れどころはあっているか!? 65

高性能で壊れないエンジンを搭載したマシン。あとは死にたくないんで、万が一何かあったとしても命を守ってくれるマシンじゃなきゃ嫌です。でなきゃ、アクセル全開で走るなんて、とても無理です。

実際、本物のレーシングカーは二重・三重の安全対策が施されている。クラッシュして車が横転しても頭がダメージを受けないように設計されている。また、何百度もの炎に十数秒間さらされても、内側の温度が上がらないようなスーツを着ているよ。

私は、それでも安心できないわ。

この考えは企業におけるリスクマネジメントにも当てはまる。**安心してアクセル全開で戦えるようにするためにも、最低限のリスクマネジメントはしておくべき**だ。その**最低限のリスクマネジメントの1つが、企業を致命傷から守る万が一のときに対する備え**だ。

企業成長を目指して無茶をしたいなら、万が一のときに対する備えが必要不可欠だということですね。

そういうことだ。

ビジネスにおいての万が一の対応って何をすればいいでしょうか？

このあたりを丁寧にやろうと思うと、BCPや危機管理が必要になるが、それはあとの講義に譲るとして、ここではどんな組織であってもこれだけはやっておいたほうがいいということを伝えておくよ。

ぜひ！

とにもかくにも**万が一の際の大方針は明確に示してトップの口からはっきりと伝えておく**ことが大事だ。

大方針ってどんなものですか？

たとえばこんな感じだ。何度も言うが、**掲げるだけではダメ**だ。それでは看板倒れになってしまうから、**組織のトップ自らが普段からこの点を強調しておく必要**がある。そして実際に何かが起きて対応した場合、最後の振り返りのときにもこの大方針の観点で何ができて、何ができなかったかを議論するといいだろう。

有事対応方針の例
1. その場にいる、または参画できる最上位の人が陣頭指揮を執る
2. すべてをオープンにしてスピード対応を行う
3. 起こり得る最悪の事態を想定して対応を考え行動する
4. 顧客影響が想定される場合はどんなに遅くても1時間以内に報告する

大方針を決めて周知すればOKですか？

いや、周知するだけでは不十分だ。実際に検証してみないと**机上の空論**になってしまうから、**訓練の実施がMUST**だ。机上とリアルは全然違う。「万が一」の逼迫感を舐めちゃいけない。ゆっくりと会議している時間はないし、すべての情報が手元にあるわけでもないから慌てる。**いざというときには、決めておいたことがすべて頭の中から吹っ飛んでしまうこともよくある**。

 訓練という話になると、ちょっと活動が大変になってくるイメージがありますが…。

 重い訓練である必要はない。組織の幹部が集まって1時間程度の時間を取れれば何だってできる。**簡単で構わないので「これが起きたら困る」という事象を想定して訓練をしてみる**といい。訓練をして文書が必要だと思ったら作ればいい。流れはこんな感じだろう。

 もう少し具体的に教えてください。

 「最悪の事態」とは先ほどのカークラッシュのようなことをビジネスに置き換えて話し合えばいい。たとえば、メーカーであれば大量リコールが最悪の事態の1つになるかもしれない。サイバー攻撃や巨大地震における被災など何でもいい。

 2番目の「シナリオを話し合う」のシナリオはどれくらいの粒度を想定しておくのがいいですか？

パッと思い付くもので構わない。どこまで掘り下げた内容にするかは、どれくらいの時間を使えるかに合わせて変えるのがいいだろう。簡単に済ませるならたとえば、こんな感じかな。

> **シナリオの例**
>
> 自社で品質不具合が見つかり、大量リコールをすることになった。顧客からはすべての製品を交換するように要請が入った。この対応を進めている最中、情報がメディアに漏れ、メディアから問い合わせが殺到するとともに、「規制当局からも状況報告をせよ」との連絡が入っている。

「論点を話し合う」とは具体的にどんな内容ですか？

シナリオが現実のものとなり、対応が必要になったときに「どこでつまずきそうか」の答えにあたるものだ。たとえば、「誰が陣頭指揮を執るか？」ってのは論点になりそうだよね。メディアや顧客から問い合わせが入ったときに誰がどう答えるか？　とかもあるね…。

なるほど。悩みそうなポイントを出していく感じですね。

あとはこうしたシナリオが起こったときに、実際に対応することになる関係者を一堂に集めて、このシナリオと論点を基にディスカッションをすればいい。「実際にこうしたシナリオが起きたとき、誰が陣頭指揮を執るんだっけ？」みたいに…。

ステップ	具体例
最悪の事態を話し合う	自社で品質不具合が見つかり、大量リコールが発生して大損害を出す上に、対応の仕方に不信感を持たれ、取引先から次々と取引停止の連絡が入る
シナリオを話し合う	自社で品質不具合が見つかり、大量リコールをすることになった。顧客からはすべての製品をリプレースするように要請が入った。この対応を進めている最中、情報がメディアに漏れ、メディアから問い合わせが殺到するとともに、規制当局からも「状況報告をせよ」との連絡が入っている
論点を話し合う	1. いつまでに誰がどこに集まって何の話し合いをするか？ その号令や指揮は誰が執るか？ 2. 現場やメディアにはどんな指示を出すか？ 3. ……省略……
シナリオに沿って動きを話し合う	1. いつまでに誰がどこに集まって何の話し合いをするか？ その号令や指揮は誰が執るか？ ・リスク統括執行役員が陣頭指揮を執り、その号令の下リスクマネジメント室が対策本部設置の手配をする ・……etc
課題を話し合う	・そもそもリスク統括執行役員の不在時の代行が決まっていない ・現場にどんな情報を上げてもらうか、普段から決まっているべき ・……省略……
ネクストアクションを話し合う	・対策本部体制と役割・責任（含む代行順位）の検討と決定（総務部 XX 月 XX 日まで） ・……省略……

訓練の参加者から「そもそもシナリオがおかしい！」とか「シナリオが抽象的すぎて議論ができない！」っていう不満の声が出てもおかしくなさそうですが、そういうときはどうしたらいいですか。

事前に「シナリオがおかしいかもしれませんし、抽象的すぎるところもあるかもしれません。ですが、限られた時間の活動なのでご容赦ください。もしシナリオなどに問題があれば適宜、その場で修正しながら進めていく予定ですのでよろしくお願いします」と伝えておけばいいだろう。

できるかなぁ。

そもそも「あれが決まっていないとできない」とか「これが決まっていないとできない」とか発言している時点で、「自分は対応力がありません!」って宣言しているようなものだ。そこも含めて、対応力が試されていると思って前向きに協力をしてもらうのがいいだろうね。

理解しました。

時間をかけずに訓練をやる方法はいくらだってある。それについてはあとの講義で触れるとしよう。とにかくここでは、**安心してアクセル全開にして攻めたいからこそ、万が一のときのための備えもやっておくべき**ということを忘れないようにしてほしい。

ありがとうございました!

📖 講義ノートまとめ

網羅的であることを捨てよう!

- [ ] なぜ網羅的にリスクを洗い出すべきじゃないのか?
  - リスクの洗い出し不足が原因で大事件・事故が起きるというよりも、リスク対応不足や組織風土(リスクカルチャー)が原因で事故が起きることのほうが少なくないため

- [ ] リスク認識以外の何に時間を割くべきか?
  - 世の中を見ていると認識済みのリスクであるにも関わらず大事故や事件につながっているケースが散見されるため、できることならリスク対応やモニタリング・改善、リスクカルチャーの醸成に時間を割くのが望ましい

万が一にも時間を割こう!

- [ ] なぜ有事対応が大事なのか?
  - 安心してアクセル全開で攻めるためには、万が一、クラッシュしたときにも致命傷にだけはならないような対策が必要だから。それと同じで、組織においても万が一のときの備えについて少しでも考えておくことが肝要

- [ ] 万が一のときの備えの勘どころは何か?
  - いざというときの混乱は避けられないため、万が一のときの対応方針や行動指針みたいなものを決めておき、これを周知徹底すること
  - これら万が一の備えには、訓練の実施も必須にすること

あなたの力の入れどころはあっているか!?

ツールに使われるのではなく
ツールを使っているか!?

リスクアセスメントでは、ツールや仕組みに踊らされる人・組織が少なくない。**手段の目的化**が起こりやすくなる。

手段の目的化!?

ほら、学校のテスト勉強をするときに、時間をかけてものすごくきれいにノートをまとめているのに点数を取れない子とかいただろう？ きれいにノートをまとめることに時間を費やすんだが、それで学習できたって気になってしまって。実際はほとんど覚えるべきことが頭に入っていなかったりするわけだけれど。

あ、私、小中学校の頃、そんな感じでした…。

もちろん、ノートをまとめること自体がすべて悪いと言っているわけではない。テストでいい点を取れる人の中には、きれいにノートをとっている人もいるだろうし。要は、それを何のために行うかだ。

それはそうですね。

たとえば、暗記準備の一環としてきれいなノートを作るのかもしれない。そうならばきれいなノートが完成してもそこから暗記をしない限り意味がない。または自分の理解度を確認するためにノートに書き出してみるという人だっているだろう。その場合は書き出す行為そのものが確認テストのようなものだとも言える。

リスクマネジメントにも同じことが当てはまるということですか？

うん。具体例で考えてみよう。リスクマネジメントと言えば、リスクアセスメントシートやリスクマトリックス、リスクマネジメント委員会などが思い浮かぶよね。

リスクアセスメントシート

リスク	影響度	発生可能性	リスクの大きさ	リスク評価	リスク対策
粉塵に引火して工場が火災・爆発し3か月間生産停止	5	3	15	要対応	換気設備の保守頻度増加
…	…	…	…	…	…

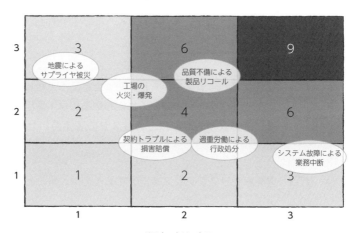

リスクマトリックス

結構、目的がはっきりしていませんか？ リスクアセスメントシートは対応すべきリスクを合理的に抽出するためですよね？

ではもうちょっと考えてみよう。はるき君、営業部の人たちがリスクアセスメントシートにリスクを書き出さなければいけない理由って何だ？ 以下に挙げる典型的な目的例から選んでみてくれ。ちなみに、ここに挙げる目的がダメだと言っているわけではないのでその点は勘違いしないようにね。

リスクアセスメントシートを完成させる目的の例

1. 組織内の人たちと、リスクの認識合わせ
2. 現場が担っているリスクの大きさを経営に認識し納得してもらうため
3. 企業として最低限のリスクマネジメントはやっていたという法的証拠を残すため
4. リスク対策の「やるやる詐欺」をなくすため（ToDoリストとしての意味合いを持たせるため）
5. リスク対策の効果測定をさせ、必要があれば現場による自発的な改善活動を促すため
6. リスクマネジメントを適切に行っている証拠を残し、人事評価につなげるため
7. 事故時に、リスクマネジメントの問題点を掘り下げ、再発防止の一助とするため

リスクアセスメントシートを使ったところで新しいリスクが出てくることはまずないので、それでもやるのは1番目の営業部門員、つまり他の課長陣や部長とのリスクの認識合わせ…とかだと思います。

営業部でリスクアセスメントするときは、誰とどうやっているんだい？

私がリスクマネジメントの勉強をしていたこともあって、営業部長から「君がやりなさい」と言われて私がやっています。それを最後に部長が確認して完成…みたいな感じです。

そのやり方は「他の課長陣や部長とのリスクの認識合わせ」という目的を達成する上で理にかなったやり方なのかな？

うっ…。他の課長陣がおいてけぼりになっています。理にかなっているとは言えないですね。自分が手段の目的化の罠に陥っていたとは…。

何もリスクアセスメントに限った話じゃない。この点をおざなりにすると、ノートをまとめて学習した気になるのと同様、**リスクマネジメントをちゃんとやれていると勘違いする**だろうね。

リスクマネジメントをやれていると勘違いする分だけ厄介な問題ですね。

特に、**コンサルタントが提供するツールを無条件に受け入れたり、他社のやり方を丸ごとコピーしたりするなどしてしまうと落とし穴にハマる可能性が高くなる**。ぜひ、気を付けてほしい。

はい！

📖 講義ノートまとめ

「手段の目的化」とは何か？

☐ リスクアセスメントシートやリスクマトリックスを完成させることや、リスクマネジメント委員会などを定期開催すること自体がゴールになってしまうこと

「手段を目的化」するとどうなるのか？

☐ 学校のテスト勉強などでノートをまとめることで学習した気になるのと同様に、組織がリスクマネジメントを適切に行えているという勘違いが起きやすくなる

どうして「手段の目的化」が起きるのか？

☐ リスクマネジメントのために使うツールや体制を、何も考えずに、コンサルタントが言ったことを受け入れたり、他社のやり方をコピーしてしまうから

3時間目

リスクマネジメントを本格的に活用したいならこれだけは押さえよう！

1時間目、2時間目の講義で、リスクマネジメントの基礎と押さえるべきポイントが理解できたと思います。ここからは、学んだリスクマネジメントをさらに活用するための手法を具体的に学んでいきます。

気付けないリスクを拾えるようにするには？

ここでは「気付けないリスク」を洗い出す方法について講義しよう。ただし、言葉が持つ意味は広い。大きいリスクであることに気付けないのか、リスク対策が十分でないことに気付けないのか、はたまたリスクが存在していることに気付けないのか…。

気付けないと言っても、何に気付けないのか？　ということですね。

ここでは、そもそも**「リスクが存在していることに気付けない」という意味での「気付けないリスク」の発見の仕方**について、講義を進めていくことにしよう。

　はい！

こんなことを言った人がいる。

> 予測に必要な事は、何を知っているかよりも、**どのように考えるか**、である
>
> 　　　　　　　　　　　　　(Think Again by Adam Grant, 2021)

この主張に従うなら**「気付けないリスク」に気付けるようにするためには、普段と異なる思考方法をしなければいけない**ということになる。

普段と異なる思考方法が具体的に何かを知りたいですね。

1つ質問しよう。2人はリスク洗い出しをするとき、普段はどうやっているのかな？

ズバリ自分自身の直感です。リスクは何だろう？　って。

私は、少数ではありますが、プロジェクトメンバーとリスクの洗い出しを行いました。あと、過去の類似プロジェクトをやったことがある先輩たちに話を聞きに行きました。

2人ともそれぞれ特徴があるね。つまり、次のような感じかな。

	はるき	なつき
誰と	1人	仲間数人と
どうやって	思い付きで	議論しながら
何を参考にして	特になし	過去の類似プロジェクトの失敗事例

こうやって整理されただけで、早くも自分の課題が見えてきた気がする（苦笑）。

なつき君はいい感じでリスクの検討ができているようだね。

ありがとうございます。つまり、先生にまとめていただいたポイントが重要だということでしょうか？

そうだね。単純だが、テクニックに走る前に**「誰と」「どうやって」「何を参考にして」という3つのポイントをバランス良く押さえられているかが大事**だ。はるき君のように、1人でやってみたところでいきなり気付けないリスクに気付けるようになるのは難しいだろうね。

うっ…。

ここからさらに工夫するとしたら、何ができますか？

では今挙げたポイントを1つずつ順に見ていこう。まず「誰と」の部分だ。ここについては**普段話せていない人をいかに巻き込むかがポイント**だ。

普段話せていない人って？

気付けないリスクを拾えるようにするには？　79

文字どおりに受け取ってもらって構わない。同じ部内にそういう人がいたら積極的に巻き込むべきだろう。もちろん、部内に限らなくってもいい。

 普段から話せていないからこそ、新たな発見があるかもしれないということですね?

 ですが、話そうとしているリスクに関係する分野にまったく精通していない人を巻き込んだところで、意味があるんでしょうか?

 いい質問だ。まったく業務経験がない人に、その業務のリスクを洗い出してほしいと言っても効果は小さいだろう。**大事なのは、その人に何を期待するか？　も合わせて明らかにしておくこと**だ。法律の知識・経験なのか、その人の業務に関する知識・経験なのか…。

 なるほど！

 次に「どうやって」だが、**固定観念を排除できるアプローチをいかに取れるかが大事**だ。ここでいう固定観念とは、「それはあり得ない」などと切り捨ててしまいがちな考え方のことをいう。

 具体的にはどうすればいいんでしょうか?

たとえば、発生確率のことを一切考えずに影響の大きさだけでリスクを考えてみるのも1つの手だ。「これを失ったら自分たちがビジネス上、困るものは何だろう？」という問いを投げかけてみるんだ。なつき君なら何が思い浮かぶ？

リスク洗い出しを妨げる"よくある固定観念"

- 私の組織では内部の人間が不正をするなんて絶対にあり得ない
- 自分が業務のことを誰よりも一番分かっているから、他部門の人に聞いたところで意味がない
- 過去のデータを見れば、これからのことが大体予想できる
- これまで発生しなかったから、これからも発生しない
- 最悪の事態なんてものは、実際のところ起こらない
- コントロールできないリスクは、考えても仕方がない
- 情報が少ないから、考えても仕方がない
- リスクは常にネガティブである

今、お付き合いさせていただいている業務提携先がいなくなったらものすごく困ります。ただ、昔から取り引きしているので、さすがにそれはあり得ないと思いますけれど…。

ほらっ、まさにそれだよ。その「あり得ないと思いますけれど」と切り捨ててしまうことが大事(おおごと)なんだ。実際、自社の主力製品の根幹となるライセンスを50年近く提供し続けてくれていたパートナー企業が、突然引き上げを通告してきたなんて事例も複数ある。

固定観念を排除する…。納得のアプローチです。

3つ目は「何を参考に」だったね。**何を参考にするか意識的に決めることが大事**だ。なつき君は、過去プロジェクトの失敗事例を参考にしたと言っていたね。実は非常に有効なアプローチだ。意外にみんなやらないことだしね。

すごくベーシックなことのように思えますが、そうなんですか!?

人間の特性として、問題解決に取り組む多くの人は、目の前の細かな部分にとらわれすぎて、少し離れた分野にある知識・経験にアクセスしようとしない傾向がある。だから、なつき君がやっていることはものすごく意味があるんだ。

人はどれほど簡単に視野が狭くなるものか

　科学ジャーナリストとして有名なデイビッド・エプスタイン氏は、その著書『RANGE（レンジ）知識の「幅」が最強の武器になる』の中で、人の視野というものがどれほど簡単に狭くなってしまうものかを以下のような事例を挙げて、語っています。

>　カーネマンは、個人的にもこのインサイドビューの危険を経験した。カーネマンが意思決定の科学に関する高校のカリキュラムを作成するチームを作ったときのことだ。週に1度のミーティングを1年間続けたあと、カーネマンは「このプロジェクトが終了するまでにあと何年間かかると思うか」をチーム全員に聞いた。すると、最も短いもので1年半、長いもので2年半という答えだった。続いてカーネマンはカリキュラム作成の有名なエキスパートで、他のプロジェクトも見てきたシーモアという人物に他のプロジェクトと比べてどうかと尋ねた。
>
>　シーモアはしばらく考えた。さっき、彼はあと2年と答えていた。他のチームとの比較についてカーネマンから質問されるまで、シーモアはこのプロジェクトを他のプロジェクトと比較しようとは考えもしなかったと言った。彼が見てきたチームの40%はプロジェクトが終わらず、思いつく限りでは7年未満で終了したものは1つもないと話した。カーネマンのグループは、失敗するかもしれないプロジェクトにあと6年も費やしたいとは思わなかった。グ

ループはこの新たな意見について数分間議論したが、あと2年くらいだろうというグループの全体的な見方を信じて前に進むことにした。それから8年経って、ようやくプロジェクトが終了したのである。その時点で、すでにカーネマンはチームを離れており、それが実施された国に住んでもいなかった。そして、そのカリキュラム作成を依頼した機関は、すでに興味を失っていた。

 他には、たとえばどんなものが参考にできますか？

 このあたりかな。

リスク洗い出しの参考にできる情報源

- 所属チーム内の失敗・成功事例
- 他チーム・他部門の失敗・成功事例
- 内部・外部監査での指摘事項
- 同じ業界の他社の失敗・成功事例
- 他業界の失敗・成功事例
- ガイドライン等で示されるリスクカテゴリ
- 政府や専門機関が発表する国内外の重大リスク
- 学術論文
- 報道機関が取り上げるニュース

 うぅ…、そもそも僕はインプットが圧倒的に足りなかったことに気付かされたよ。先生が推奨することと真逆のことをやっていたんだなぁ（苦笑）。

気付けないリスクを拾えるようにするには？　83

はは。ぜひ、学んだことを生かしてほしい。ところで、気付けないリスクに気付けるようにするための方法がもう1つある。それはリスクアセスメント技法を学ぶことだ。**リスクアセスメント技法は、自分が普段考えもしなかった角度で、物事を掘り下げて新たなリスクに気付かせてくれる**可能性のあるものだ。

ぜひそうしたリスクアセスメント技法も学びたいです。よろしくお願いします。

では、次の講義ではそこをカバーしよう。

📖 講義ノートまとめ

気付けないリスクとはどういうリスクを指すのか？
- ☐ その存在に気付けていないリスクのこと

気付けないリスクに気付くための方法は？
- ☐ 「誰と」「どうやって」「何を参考にして」の3つの観点を工夫することが大事

3つの観点を押さえるためのポイントは？
- ☐ 「誰と？」
    - ・普段話せていない人をいかに巻き込むか。ただし、その際にその人にどういった点での貢献を期待するか？ を明らかにしておくことが重要

- ☐ 「どうやって？」
    - ・「そんなことは絶対にあり得ない」などといった固定観念を排除できるアプローチをいかに取れるかが大事

- ☐ 「何を参考にして？」
    - ・何を参考にするか意識的に決めることが大事

知っておくと便利なリスク洗い出し技法は？

ここからはリスクアセスメント技法を勉強していこう。

おお！

「気付けないリスクに気付ける」ことを助けてくれるテクニックですね。

そうだ。技法にはものすごく基本的なものから、複雑なものまでいろいろあるが、基本中の基本の技法は別の講義ノートを読んでほしい（『世界一わかりやすい リスクマネジメント集中講座』を参照）。

はい！

● デルファイ技法

最初は集合知を最大限に引き出すテクニックの1つ、デルファイ技法だ。**参加者、一般的にはパネリストと呼ぶんだが、彼らが多ければ多いほど効率的かつ有効な方法**だ。

なんだか難しそうな響きがしますね。

まったくそんなことはない。そもそもデルファイとは古代ギリシャに存在していた都市の地名だ。そこには神託所があって、そこで未来予測をすることが日常的に行われていたそうだ。

知っておくと便利なリスク洗い出し技法は？ 85

未来予測!? 俄然、興味が湧いてきました。

難しいものではなく、未来予測から新製品の開発にいたるまでさまざまな分野で利用され、その価値を発揮しているよ。

神託所に因んでいるってことは、占いじみたことをするんですか？

はは。割と**合理的なステップを踏む**んだ。知識・経験を持っている人たちの意見を、幅広く吸い上げて情報を集めるんだ。その情報を取りまとめて、何がより優先度の高いリスクなのかをアンケートなどで絞り込んでいくのさ。このステップを繰り返して、意見の集約を図るんだ。

確かに簡単そうに聞こえますね。

簡単だからいいんだ。ポイントは**参加者の選定**だ。リスク洗い出しに貢献できそうにない参加者を選んでしまっては、リスクを洗い出すという目的を果たせなくなってしまうからね。その上で**原則、匿名で行う**ところと、適当に絞り込めるまで**複数回ステップを繰り返す**ところがポイントと言えるかな。

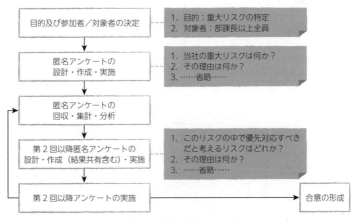

デルファイ技法の実施ステップ

ステップを複数回繰り返すって、何回くらい繰り返すんですか？

何回でもいい。2回の場合もあれば、4～5回繰り返す場合もある。**リスク洗い出しのために利用可能な時間や、対象となる情報、巻き込む関係者の多さに合わせて適切な回数を検討するのが良い**だろう。

どうして匿名なんですか？

心理的安全性を担保し、参加者からの意見が出やすくなるからさ。また、1人ひとりから出た意見を取りまとめた結果を他の参加者が見たときに、「xxxは誰々の意見だから正しいに違いない」とか「xxxの意見は尊重に値しない」などの**偏見を排除することにもつながる**んだ。

小さい声が消されにくくなるので、気付けないリスクを見つけるにはもってこいですね。

デルファイ技法のメリットを、まとめると次のとおりだ。ちなみにデメリットは、それ相応の時間がかかるというところだろうね。分かりやすいアンケートを作ったり、取りまとめたりと時間はかかるからね。

デルファイ技法のメリット

- 集団の思い込みや偏見を排除できる
- 専門家個々の意見だけでなく、集団全体の意見を把握できる
- 創造的なアイデアを導き出せる
- 合意形成を促進できる

匿名だと誰が何を書いたかがまったく分からないわけですよね？そのデメリットはないんでしょうか？

匿名といっても、参加者同士の間で匿名であれば良いわけだからね。良識ある参加者がいる前提であれば、あまりデメリットはないかな。

理解しました。

応用を利かせることもできる。たとえば、最初の情報吸い上げをアンケートではなく、インタビューで賄うこともできるだろう。絞り込みの段階では、無記名形式のアンケートでもいいけれど、最後の絞り込みは、関係者があえて顔を突き合わせて、ディスカッションして合意形成を図ることもできるだろう。

勉強になります。早速やってみたくなってきました！

 ブレインストーミングの欠点をカバーするノミナルグループ技法とは

　リスクアセスメント技法の1つに、ブレインストーミング技法というものがあります。複数人が1か所に集まってワイワイガヤガヤと意見を出していくという、よく知られた技法です。メリットは、比較的簡単に実施できることや、参加者同士がその場でアウトプットを共有できることにあります。ただこの手法にはデメリットもあって、うまくファシリテーションをしなければ、声の大きい人の声ばかりが拾われたりするなどして、偏ったリスク洗い出しになる危険性も孕んでいます。

　そうした欠点を補うアプローチとして、ノミナルグループ技法というものがあります。これはブレインストーミングではどうしても意見が言いづらい関係性の場合、バランスの取れた声を拾い上げることができるアプローチです。ノミナルグループでは、個々の参加者が静かに自分自身でアイデアを考え、それをグループで共有し、最後に投票などでアイデアを評価・ランク付けするアプローチです。

ブレインストーミングとノミナルグループを合わせたアプローチもあります。グループで集まるものの、個々人で考える時間を持たせるなどワンクッションをおいてから、ブレインストーミングのように意見やアイデアを出し合う方法です。そのときそのときの環境に応じて、うまく使い分けるといいでしょう。

	ブレーンストーミング	ノミナルグループ
目的	できる限り**アイデアを出す**こと	効率的に意見集約・決定を行うこと
手段	自由に意見・アイデアの出し合い	**個々人で考えて**から全体で共有 投票等を通じて**最終決定**を行う
勘所	いかに精神的制約を解き放つか	いかに合理的な段階を踏み合意形成を図るか

● シナリオ分析

将来予測という点では、シナリオ分析という手法も比較的有用だよ。

どんな分析ですか？

未来について、ざっくりとしたことしか分からず、それ以上何がどう転ぶか予測が難しいときに使う手法だ。何が起こるか分からないからといって手をこまねいているわけにもいかないから、不確実性が高いなりに、**将来起こりそうなことを何パターンかのシナリオに分けて想定する**んだ。

「未来についてざっくりとしたことしか分からない」って、たとえばどういうときのことですか？

たとえば、地震がそうだ。いつかは地震が起こることは分かっている。だが、それがどのように発現するかまでの予測は難しい。気候変動問題もそうだ。近い将来、地球の平均気温が数度上がると言われてはいるが、それが実際は何度くらいなのか、それによって地球環境がどうなるのか正確な予測は難しい。

シナリオ分析のメリット・デメリットは何ですか？

そもそも予測困難なシナリオを作成するわけだから、**いくら合理的なステップを踏んで、シナリオを使ったからといっても、それが現実に発生するという根拠が乏しい。それがデメリット**だ。メリットは次のとおりだ。

> **シナリオ分析のメリット**
> - 予測困難な中でも、リスクを考える足がかりを与えてくれる
> - 過去データにとらわれすぎない、シナリオを考える足がかりを与えてくれる
> - いろいろな考えを持つ人たちの意見を取り込むことができる

何パターンかのシナリオって、いくつくらいのパターンを考えるんですか？

特にシナリオ数に決まりはない。2～3パターンの場合もあれば4パターンの場合もある。もっと多い場合もある。ただ数が増えれば、分析にかかる時間も比例して増えることになる。ちなみに、君らの身の回りでも、無意識のうちにシナリオ分析に近いことをやっているときがあると思うよ。

えっ!?　でも、シナリオ分析なんて言葉聞いたことないですよ。

悲観、中庸、楽観シナリオなんて言葉を聞いたことはないかい？

あぁ～、ある！　売上とか予測するのに、うまく行ったときとうまくいかなかったときの両方を想定しておくために、3パターンくらいのシナリオを用意したりすることですよね。

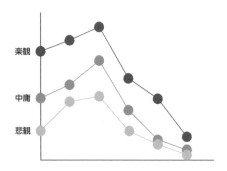

地震のような自然災害に対してもいくつかのパターンに分けた分析ができるものでしょうか？ 売上とかだと、お客様の数や客単価、テーブルの回転数など、どういう変数を用いればいいか、何となくイメージが湧きますけど。

同じことさ。はるき君が今挙げてくれた**「変数」をどう決めるか**が**シナリオ分析のポイント**だね。

地震の場合はどう決めればいいんですか？

変数になりそうな候補を列挙して、**影響度と不確実性の観点で分析**をすればいいよ。こんな感じでね。こうやってシナリオに与えるインパクトが大きそうな変数を抽出するんだ。この場合だと電力の被害と仕入れ先の被害あたりが変数候補になりそうだね。

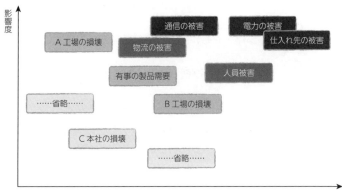

横軸の「不確実性」は、リスク分析の際によく見かける「発生可能性」とは異なる概念ですか？

うん。「発生可能性」は、とある事象が発生する確率や頻度を示すものだ。一方、**「不確実性」は、予測難易度**を示す。

予測難易度!?

たとえば、「地震災害による従業員の死亡」と「労災による死亡事故」という2つのリスクがあったとする。発生可能性はほぼ一緒だが、不確実性は前者が大きいと判断できる。なぜなら、地震災害の影響は、自然が相手の話でもあるし、労災事故に比べてデータが少ないためだ。

だから「不確実性」を使って変数を決めるんですね。ピックアップする変数は1つじゃなきゃいけないんですか？

いくつでもいいよ。ただ、あまり多すぎるとシナリオのパターンが増えるから気を付けたほうがいいだろう。

	電力の被害	仕入れ先の被害	通信の被害
悲観シナリオ	1週間停止	主要取引先が数か月停止	1週間停止
中庸シナリオ	3日停止	主要取引先が1か月停止	3日停止
楽観シナリオ	1日停止	主要取引先が1週間停止	1日停止

こうやってシナリオを決めたあとのリスク評価はどうすればいいんですか？

それぞれのシナリオが仮に発生した場合、組織にどのような影響をもたらす可能性があるのか、リスクを洗い出すんだ。あとの流れは通常のリスクアセスメントと一緒だ。

分かりやすいです。このやり方も、すぐに明日からできそうです！

そうだろう。覚えておくと便利だよ。

知っておくと便利なリスク洗い出し技法は？

● リスク源相関性分析

 次はカジュアルにできるリスク洗い出し技法を紹介しよう。リスク源相関性分析だ。

 リスク源って、何でしたっけ？

 リスク源はリスクになり得るものすべてだ。火災もリスク源だし、火災の原因となる放火もリスク源だ。つまり、こうした**リスク源の相関関係を可視化する分析手法**だ。

 相関関係の可視化って、どんなイメージですか？

 図にすると、こんな感じでリスク源になり得る事象をつなげていくんだ。

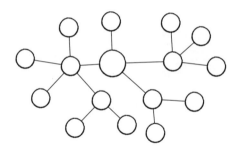

 なるほど！

 まず、気になる事象を中央に書き出す。たとえば「情報漏えい」と書き出してみようか。それができたら、そこから関係する事象をどんどん枝分かれさせていくんだ。情報漏えいはサイバー攻撃によって起こるから左側にサイバー攻撃を書いたり、情報漏えいが起こると顧客離れが進むかもしれないからそれを書き出していく。

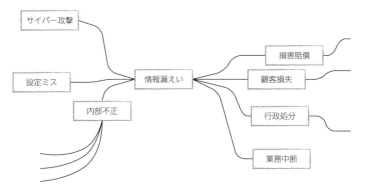

直感的で分かりやすいですね。

そうなんだ。**書き出す際はあまり制約条件を設けず、どんどん関連するものを出していくといいだろう。**リスクというとネガティブなものばかりが思い浮かぶだろうが、ポジティブなものだって、それがあるなら書き出していって構わない。

この「情報漏えい」というお題では、ポジティブなものってなさそうですね。

なくはないよ。たとえば、情報漏えいを起こせば、それが社員や経営陣に対する意識啓発になったりするよね。それはある意味プラスの効果だ。意味があるかどうかは別にして、**思い付いたらどんどん出していってみることがポイント**だ。取捨選択をすべきかどうかはあとで考えればいい。

なるほど。次は何をすればいいんですか？

これだけの作業だ。

これだけ？

あとは完成した図を見ながら、どれをリスクとして認識するか、考えていくだけだ。リスクとして拾っておきたいものがあれば目立つようにハイライトをすると良いだろう。こんなふうにね。

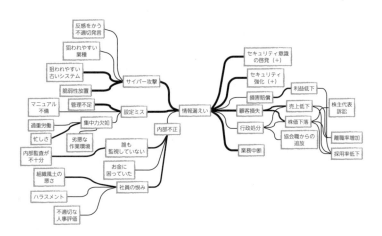

分かりやすいですね。リスク源相関性分析にはどんなメリットがあるんでしょうか？

リスク源相関性分析は、以下のようなメリットがある。ちなみにデメリットは、この図が完成したからといってリスク洗い出しが完了したわけではないというところかな。ここからどれがリスクとして適当かを考えていかなければいけないからね。

リスク源相関性分析のメリット

- **全体を俯瞰しながら視覚的に行うために…**
  - リスク源の依存関係や発生可能性、影響の大きさを観察できるため、効率的にリスクアセスメントを行える
  - 多くの人の意見を取り込みやすくグループワークを行いやすい
  - 専門知識がなくても取り組める

それらのメリット・デメリットを踏まえると、どういうときに使うのがおすすめですか？

事象が複雑に絡み合っているリスクを考える際には向いているだろう。みんなの知識を集約したい場合にも便利だ。たとえば、先の事例の「情報漏えい」はさまざまな形で起こるし、それによる影響もさまざまだ。

確かに、いきなり「サイバー攻撃によって情報漏えいが起こる」とリスクを書き出すよりも、全体感が見えた上で書き出したほうが、より適切なリスクに落とし込める気がするわ。

なるほど。これは早速、やってみたいね!

ハザードと脅威とリスク源とリスクとの違いとは

　リスクに似た言葉としてハザード、脅威、リスク源という言葉があります。ハザードも脅威も、人や組織、組織にとって重要な経営資源に損害をもたらす可能性のあるもののことを指します。

　ハザードは、そのエリア内にこちらから足を踏み入れない限りは損害を被ることはないものです。他方、脅威はこちらから足を踏み入れる・踏み入れないに関わらず、向こうから勝手に迫り来る可能性のあるものです。したがって、たとえば「化学物質が漏えいしているエリア」や「台風が直撃するエリア」「地震が頻発する地域」のことをハザードと呼ぶことができます。なぜなら、そうした地域やエリアにこちらから足を踏み込めば負の影響をもたらし得るものですが、そうしない限りは避けられるものだからです。ハッカーによるサイバー攻撃や競合他社による買収攻勢、テロ、内部犯行、経済危機などは脅威と呼ぶことができます。

　リスク源は文字どおり、それ自体、または他との組み合わせによってリスクを生じさせる力を本来潜在的に持っている要素のことを言います。その意味では、脅威やハザード、イベントは、リスク源の1つと呼ぶことができます。たとえば、脅威の一例として挙げた「サイバー攻撃」はリスク源でもあります。なぜなら「サイバー攻撃によって個人データが漏えいするリスク」のように、リスクを構成する要素になり得るからです。

　これらに対して、リスクは「目的に対する不確かさの影響」と定義されます。「目的」や「不確かさ」がリスクの特徴を表していますが、こうした脅威やハザードが

知っておくと便利なリスク洗い出し技法は?

どのように目的に影響を与えるかもしれないのかを言語化したものをリスクと呼ぶことができます。

- 脅威
  システムまたは組織に損害をもたらす可能性のある、望ましくないインシデントの潜在的な原因（出典：ISO/IEC27000:2018, 3.74）
- ハザード
  潜在的な危害の源（出典：ISO/IEC27000:2018, 3.74）
- 脆弱性（出典：Guide73, 3.6.1.6）
  物事の本来的特性で、ある結果をもたらす事象につながることがあるリスク源に対する敏感さとなるもの
- リスク源（出典：Guide73, 3.5.1.2）
  それ自体又はほかとの組み合わせによって、リスクを生じさせる力を本来潜在的に持っている要素
- リスク
  目的に対する不確かさの影響（出典：Guide73, 1.1）

● 蝶ネクタイ分析

ここでは蝶ネクタイ分析について紹介しよう。蝶ネクタイは英語ではbow tie（ボウタイ）というから、ボウタイ分析ともいう。ある意味、リスク源相関性分析の応用技でもある。

蝶ネクタイ？　なんか奇妙な名前ですね。

分析をする際に描く図形が蝶ネクタイに似ているので、そう呼ばれているんだ。**蝶ネクタイ分析は、リスク対策の十分性や妥当性を評価する際に便利**なものだ。だから「現状でも割としっかりリスク対策はできているはずだよ」という状況を「本当にそうか？」ともっと掘り下げたいときに使うといいだろう。

たいていの場合、リスク対策は何かしらやっているケースのほうが多いでしょうから、その過不足を評価できるのなら、ありがたいですね。

百聞は一見にしかず。分析の際に使う図は次のようなものだ。

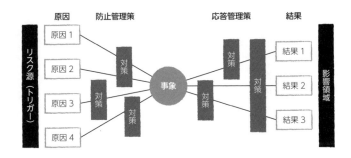

確かに、何となく蝶ネクタイに似ている。

中央に検討したいリスク事象を記載して、左側にリスクが発生する原因を、右側にそのリスクが顕在化した場合の結果を書く。そして今、導入されている対策を書き出す。

直感的で分かりやすいですね。

試しに「家の火災」を例として使って一緒にやってみようか。なつき君の家の火災を中心においたとき、それぞれにどんな内容が入りそうかな？

火災の原因といえば、遊びに来た友達の寝タバコ、家電製品の不具合、放火とかですかね。

火災の結果といえば、火傷とか、一酸化炭素中毒で人が亡くなるとか、家財が燃えてしまうとかですかね。

そうそう、そんな感じ。そのまま続けてごらん。

はい。こんな感じでしょうか。

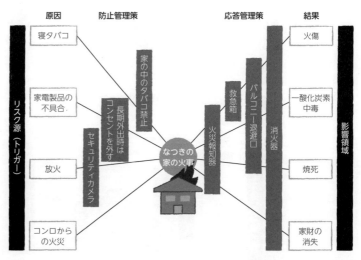

こうやって可視化すると、家の火災に対して現状どういう対策を取ることができているか、取れていないのかが一目瞭然だろう？

はい、何となくバラバラでやっていることが整理されて分かりやすいです。私の家の場合、コンロからの火災に対して、未然防止策が取れていないなということが分かりました。

先生がお題を「家の火災」と決めてくれましたが、このお題はどうやって決めればいいんですか？

あまり深く考えすぎず、懸念があるリスクを真ん中に置いて分析を始めてみることをおすすめするよ。それで分析してみて、しっくりこなければ違うものに変える。それくらいの気軽さで構わない。

私も質問です。火災といえば、火災保険が思い浮かびます。これは家財の焼失前ではなく、焼失後の対策だと思いますが、この図上ではどこに記載できますか？

その場合は、今書いてある結果を、さらに右に展開していくのがいいだろう。こんな感じにね。

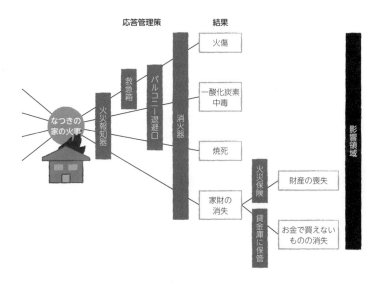

なるほど！　そうやって展開しても良いんですね。「原因」でも同じように展開できるんですか？

もちろんだ。そうやって展開させていける柔軟性もこの分析の良さだ。

この分析手法のメリット・デメリットを教えてください。

デメリットというより気を付けたほうがいい点になるが、リスク対策にも目を向ける分析だから、リスク対策を知っている人間がこの分析に参画しないと話が進まなくなる可能性がある。そこは気を付ける必要があるかな。メリットは以下のとおりだ。

蝶ネクタイ分析のメリット

- 事象や原因、結果を分かりやすく図示するため、単純で理解しやすい
- リスク対策の妥当性や有効性に対して、目を向ける機会を与える
- この分析手法を使用する上で高度な知識がなくてもできる

ありがとうございました！

蝶ネクタイ分析のさらなる応用

　蝶ネクタイ分析は、さらに掘り下げた分析を行うこともできます。具体的には、防止管理策と応答管理策を洗い出したあとに、それらの対策が機能しなくなるような失敗要因を書き出します。さらに、その失敗要因につながることを防ぐ対策（これを一般的にはバリアと呼びます）があればそれを書き出します。

　たとえば、講義中に出た火災の事例では、応答管理策の1つに消火器が挙げられていましたが、この対策が機能しなくなる失敗要因例として消火器の使用期限切れがあります。その上で、こうした失敗要因につながることを防ぐ対策を書き出すわけですが、「消火器の使用期限の期末点検」などがこれに該当します。

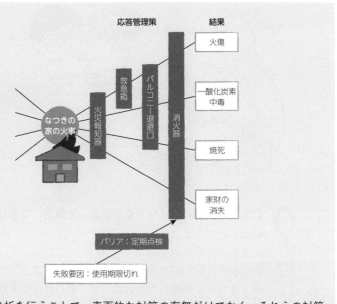

このような分析を行うことで、表面的な対策の有無だけでなく、それらの対策が本当に機能するかどうかの評価を行うことができるのです。

● プレモーテム分析

プロジェクトにおけるリスク洗い出しのテクニックを教えてもらえると嬉しいのですが、いかがでしょうか？

では、プレモーテム分析という手法について教えてあげよう。ポストモーテムという言葉は医学用語で死体検死という意味だが、ポストではなくプレなので、亡くなる前の解剖みたいな意味だ。

ひょえっ。亡くなる前の解剖って…。

知っておくと便利なリスク洗い出し技法は？　103

 亡くなる前に、亡くなったと仮定して解剖、つまり原因を調べるということでしょうか？

 おおっ！ 鋭いね。そのとおりだ。**プロジェクトが始まる前に、プロジェクトが失敗したと仮定して、それがなぜ失敗したのか？ の原因を考えリスク特定する手法**のことだ。

 プロジェクトが始まる前から、失敗を想定するってなんか、嫌ですね。

 確かに…。一般的なリスク洗い出し作業と何が違うのか、いまいち分からないわ。だって、普通のリスク洗い出しのときだって、成功の足を引っ張るものが何かっていう思考をするだろうし。

 実はちょっと違うんだよ。**プレモーテム分析の1番のメリットは、失敗する場面を具体的に定義することで、そこに直結する本質的に気にすべきリスクの洗い出しに集中できること**だ。言い換えると、瑣末なリスクの洗い出しに意識を取られすぎなくなる。

分かったような、分かっていないような…。

論より証拠。実際にやってみよう。はるき君、最近、何か大きな商談とかなかったかい？

あります。億を超える商談です。複数の競合他社がいます。お客様からいろいろな条件を提示されていますが、これらをクリアできれば取れる可能性が高いです。

では、その商談に対してプレモーテム分析をやってみよう。この案件で、はるき君が想像する起こり得る最悪のケースってどんな状態かな？

勝てると思い込んでいたら、土壇場で競合他社の1社が有利な価格を提示して、当社が出し抜かれてお客様がそちらの会社と契約の中身について進めてしまう状態ですかね。

では、仮にそうなったとしよう。そうなった場合、敗因としては何が考えられるかな。

まずはそもそも、土壇場で競合他社がそんな提案をしてきたってことにまったく気付けないことですね。何よりも、お客様がその状況について私に共有してくれないことでしょうか。

知っておくと便利なリスク洗い出し技法は？　105

競合他社に価格で持っていかれてしまうってことは、価格以外の魅力がお客様に十分に刺さらなかったって可能性もないかしら。

きついこと言うなぁ。でも、それはあり得るかも。

もしそうだとすれば、より頻繁なコミュニケーションをとるための作戦を考えたり、お客様の印象をさらに突っ込んで確認したり…。取れる対策はありそうだね。

そのとおりです。

このやりとりこそがプレモーテム分析の進め方なんだ。

起こり得る 最悪のシナリオ	どうしてそれが起きたのか (最悪のシナリオが起きてしまったと仮定して、その原因を想像して判断する)	リスク対策 (そうならないようにするための対策)
土壇場で競合他社が、顧客に対して価格的に魅力的な提案を出してきたことに気付けないまま負けてしまう	顧客の予算が決まっているのに当社の提案はそれを大幅に超過した提案になっている	予算を聞く。予算を教えてもらえない場合は松竹梅で3種類の金額を出す
	お客様が、競合先からそういう提案が出てきたことを、教えてくれない	…省略…
	価格以外の魅力が十分に伝わっていない	…省略…

新鮮でした。顧客と頻繁にコミュニケーションをとれ、とは先輩からよく言われたりしているんですが、本気でやらなきゃって思うようになってきました。何せ思考の出発点が、自分が絶対に避けたい起こり得る「最悪の事態」でしたから。

ただ**「勝てそうな商談のリスクを挙げてみなさい」と言われるよりも、「負けたシーンを具体的に設定して原因を考えてみなさい」と言われたほうが想像力は働く気がします。**

「リスクは何だ?」と考えるよりも、こうやって「最悪の事態」から逆算して考えることにはそれなりのメリットがあるんだ。シンプルでありながら**心理障壁を取り除く効果**もあるんだ。

心理障壁？

はるき君が「失敗することを想像するのはなんか嫌な感じ」って言っていただろう？　人間、誰しもはじめから失敗を想像するのはタブーだと思いがちだ。するとリスクの洗い出しにブレーキがかかることもある。だが、最初に「この失敗がなぜ起きたかを考えてみよう」とお題を明確に設定することで、余計な心理障壁を取り除けるんだ。

はじめから具体的な失敗を決めて、その原因は何か、に意識を向けることで、ネガティブなことばかり考えるという抵抗感をなくす。それがリスク洗い出しの助けになるということなんですね。

そういうことだ。ちなみに、事業戦略などプロジェクト以外のあらゆる場面でも使える技法だよ。

はい！

講義ノートまとめ

デルファイ技法とは？

☐ 将来の予測や意思決定を支援するために用いられる一種のシステマティックな、反復的な専門家調査手法。匿名でアンケートをとり、これを集約・共有する。これを繰り返しながら意見集約を図るアプローチ

シナリオ分析とは？

☐ 特に不確実性が高い状況下での意思決定を支援することを目的として、将来のさまざまな可能性を探るための手法。複数の異なる「シナリオ」を考え出し、各シナリオが現実のものとなった場合の結果や影響を詳細に検討するもの

リスク源相関性分析とは？

☐ リスクの因果関係が複雑でどのようにリスクに落とし込めばいいか判断がつかない場合などに、理解を深めるために行う手法。分析したい事象を中心に書き出し、そこから関係する事象を枝分かれするように書き出していき、発生の程度や影響の大きさを描画していくアプローチ

蝶ネクタイ分析とは？

☐ リスクの原因と結果、対策を視覚的に示すことで現状及び課題認識を促す分析手法。中央に事象を置き、左側に事象発生の原因、右側にそれがもたらす結果を書き出す。合わせて対策を書き出すアプローチ

プレモーテム分析とは？

☐ プロジェクトや戦略が失敗したと仮定して、その失敗の原因を事前に特定し対処するためのリスク識別手法。失敗がすでに起こったという逆説的な視点からスタートするが、参加者は失敗に対する警戒感を持ちながら、潜在的な問題やリスクをより自由に、かつ創造的に議論することができるアプローチ

ポジティブリスク（機会）を捕まえるには？

リスクって追い風と向かい風の両方があるんでしたよね。ですが、リスクアセスメントをするとネガティブなリスクの話に終始してしまうことが多い印象です。

ポジティブなリスクを洗い出すコツって何かあるんですか？

あるよ。ヒントは**リスクマネジメントの目的設定の仕方とリスクの捉え方**にある。

目的設定の仕方とリスクの捉え方？

登山にたとえて説明しよう。はるき君は「いち早く制覇すること」を目的に、なつき君は「安全無事に登頂すること」を目的に掲げて、登山をすることにする。その目的を軸に思い付くリスクって何かな？

「安全無事に登頂すること」を考えるのなら、慌てて進んで道に迷うリスク、無理をして怪我をするリスク、熊に遭遇するリスク、天候の悪さで体調を崩すリスクとかですね。

「いち早く制覇すること」を考えるのなら、休憩時間の取りすぎリスク、混雑した道を選択してしまうリスク、なつきと同様に、道に迷ってタイムロスするリスクとかですかね。

目的設定が異なると出てくるリスクも変わるね。

ですが、出てきたのは2人ともネガティブなリスクばかりです。

そうかな。はるき君が出してくれた「休憩時間の取りすぎリスク」や「混雑した道を選択してしまうリスク」は、逆に言えば、休憩時間の取り方や道の選択の仕方で、より効率的に山登りを制覇できる可能性を示しているよね。つまり君たちの言う「ポジティブリスク」だ。

確かに…。なつきの出したリスクはちょっと違うね。たとえば「熊に遭遇しなくなる」って嬉しいっていうより、あり得ちゃ困るって感情のほうが強いな。

はるき君の目的はどちらかと言うと、前向きな目的設定だ。なつき君の目的は、後ろ向きと言ったら語弊があるが、現状維持の目的設定だ。

現状維持？

なつき君の目的は「安全無事に登頂すること」と言ったが、そもそも山に登る以前から「安全無事な状態」ではいるわけだろう？ 目的の力点は、つまり現状維持だ。ところが、はるき君の目的は、現状を良い意味で変更する目的だ。「まだ制覇していない山を制覇する」というね。

なるほど。**現状維持を目的にしたら、そこで考えるリスクは下方要因しかない**ということか。

はるきのように現状維持ではなく高みを目指す目的であれば、そこで考えるリスクには上方要因が含まれやすくなるということね。

これはビジネスでも同じことが言える。次のとおりだ。たとえば、「生産性の向上」に関わるリスクは何だって聞かれたら何が思い浮かぶ？

デジタルトランスフォーメーション…、つまりDXをうまく活用できずに競争力が低下するとか。あとは、サプライチェーンが長くなりすぎて効率が悪くなるとか…。

今、はるきが挙げてくれたものは逆に見ればすべてポジティブリスクとして捉えられそうね。

分かったかな？

ポジティブリスクを考えたいのなら、まず「目的の設定から見直しなさい」ということですね。

そうだ。そして、**ネガティブなリスクに見えても、捉え方によってはポジティブなリスクとしても捉えることができる**。逆に言えば、ポジティブリスクを洗い出せているのに気付けていない場合もあるだろう。

よく理解できました！

ポジティブリスク（機会）を捕まえるには？　111

講義ノートまとめ

主な論点

- [ ] どうしてポジティブリスクを捕まえられないのか？
- [ ] どうすればポジティブリスクを捕まえられるのか？

論点に対する答えやヒント

- [ ] どうしてポジティブリスクを捕まえられないのか？
    - リスクを洗い出す際の視点、すなわちリスクマネジメントを行う際に設定する目的（＝登る山）が低く抑えられていることが多いため。元々、足元のリスクを洗い出すことを目的にすれば、ネガティブなリスクばかりが洗い出されるのが道理

- [ ] どうすればポジティブリスクを捕まえられるのか？
    - リスクを洗い出す際の視点、すなわちリスクマネジメントを行う際の設定する目的（＝登る山）を高く設定することが必要。たとえば、品質維持ではなく品質向上。情報保護ではなく情報の可用性の向上のような、上を目指す設定が必要

"火事場の底力"が生み出す前向きな目的設定

　世の中には、ネガティブにも見えるリスクをポジティブなリスクに変えた事例がたくさんあります。火事場の底力とはよく言ったもので、実は、企業が土壇場に追い込まれてから、そうしたリスクの発見に至ったケースも少なくありません。以下にいくつかの事例を挙げてみましょう。

●①ソニー：半導体工場の東日本大震災での被災のピンチをチャンスに変えた事例

　「東日本大震災の影響で資材が日本で逼迫しているのならと、今まで純度の問題で使用不可とされていた韓国製資材を見直すことになりました。すると半導体産業で韓国は日本を超えており、スペック上の問題は無いことが分かりました。一部資材は供給先の選択肢を広げる結果となり、タブーは伝説だったと震災が教えてくれたのです」（斎藤 端『ソニー半導体の奇跡』より）

● ②ダイキン工業：パンデミックに伴う半導体需給逼迫のピンチを
チャンスに変えた事例

　「半導体は空調の機種ごとに仕様が異なりますが、複数機種で特定の半導体を使い回せるかを社内で調べさせたところ、代替品でも対応できることが分かりました。世界の当社の生産拠点にある半導体を、必要な地域に一気に供給する対応も取りました。おかげで（コロナ禍でも）『弾切れ』を起こさなかった」（『日経ビジネス』2021/09/20号「編集長インタビュー　リスクに先手、世界で勝つ　ダイキン工業社長兼CEO　十河政則氏」より）

● ③アパホテル：パンデミックに伴う顧客激減のピンチを
チャンスに変えた事例

　6月末までの期間限定で、通常1万円程度になることが多い宿泊費が4分の1。SNSで話題になって集客効果が高まり、10～20％程度に落ち込んでいた客室稼働率が80％まで上昇した施設もあった。破格の値段だが、条件を付けている。自社の予約サイトやアプリからしか申し込めない。他仲介サイトに払う手数料が不要で利幅が大きくなる自社アプリのダウンロード数は平時に比べ7割増えた。元谷　外志雄アパグループ代表はかねてアプリに新規客を呼び込むキャンペーンの時期を探っていた。「2500円で利用したお客さんが今もリピートしてくれている」。コロナを好機と捉えて顧客の囲い込みに成功したと話す。（『日経ビジネス』2021/3/8号「アパグループ／ビジネスホテル運営『狭さ』を逆手に黒字を確保」より）

　いずれの事例にも共通しているのは、有事であったこと、そしてそれがために半強制的に前向きな目的設定がなされたことです。期せずして、ソニーの事例では「資材の選択肢を広げること」が、ダイキンでは「部品の汎用化を進めること」という前向きな目的が設定されました。アパホテルでは、「自社アプリを使ってリピーターを増やすこと」という前向きな目的設定がなされました。企業価値向上に役立てるリスクマネジメントにできるかどうかは、企業の目的設定次第です。

ポジティブリスク（機会）を捕まえるには？　　113

リスクの大きさをうまく算定するコツは？

 リスク分析のコツを教えていただけませんか？

 私も知りたいです！ 何か判断基準を設けても、悩むんですよね。

 では少し実験をしてみよう。「地震で新工場が被災するリスク」を次に示すリスクマトリックスを使ってリスク分析をやってごらん。

地震で新工場が被災する

影響度			
3（1億円超の損害）	3	6	9
2（1,000万円超の損害）	2	4	6
1（1,000万円以下の損害）	1	2	3
	1 5年超に1回の頻度	2 1～5年に1回の頻度	3 1年に1回の頻度

発生可能性

 地震が発生するだけでなく工場被災まで起きるといったら、発生可能性は1くらいかな。

 でも、モノだけでなく、人の被災だってあるわよ。地震が起これば何かしら被害は出そうじゃない？

 そうか。じゃあ、発生可能性は2にしとこうか。影響度はどう？

 新工場だし、被災したとしても軽度で済むんじゃない？ 1,000万円以下の損害で1とか？

 でも地震だよ。さすがに1ってことはないんじゃ。

114　3時間目：リスクマネジメントを本格的に活用したいならこれだけは押さえよう！

それもそうね。じゃあ、2にしましょう。

影響度			
3 (1億円超の損害)	3	6	9
2 (1,000万円超の損害)	2	地震で新工場が被災する	6
1 (1,000万円以下の損害)	1	2	3
	1 5年超に1回の頻度	2 1〜5年に1回の頻度	3 1年に1回の頻度

発生可能性

先生、完成しました。いつもと同じように迷いまくった感じです。

では次だ。このリスクを同じマトリックス上にプロットしてみてくれ。

地震によって工場の重要設備が被災し生産が3か月停止する

さっきと同じ地震に関するリスクですね。でも、少し詳しく書かれている。

生産が3か月停止する事態って影響の大きさが1億円以下ってことはないな。

そうね。逆に言えば3か月も中断するほどの事態だったら、そんなに発生しないと思う。発生可能性は1じゃない？

異論はないよ。

リスクの大きさをうまく算定するコツは？　115

影響度				
3（1億円超の損害）	地震によって工場の重要設備が被災し生産が3か月停止する	6	9	
2（1,000万円超の損害）	2	地震で新工場が被災する	6	
1（1,000万円以下の損害）	1	2	3	
	1 5年超に1回の頻度	2 1～5年に1回の頻度	3 1年に1回の頻度	
		発生可能性		

どうだい？ 2つのリスクをプロットしてみて感じたことは？

2つ目の「地震によって工場の重要設備が被災し、生産が3か月停止する」のほうが断然プロットしやすかったです。

リスクの内容が詳しく書かれていたから、あまり迷わなかったんだと思うわ。

リスク分析をうまく実施するコツはそこにある。**必要な情報がリスクの中に書かれているかどうかが大事なポイント**だ。

必要な情報ってどんな情報ですか？

「原因」と「結果」と「影響」の3つだ。発生可能性を考えるには、これら3つの情報が必要だ。たとえばテロと地震では発生頻度が異なるだろうし、1日停止するか3か月停止するかでも、確率的にだいぶ変わってくるだろう。

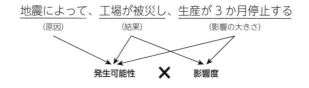

影響度はどうですか？

 影響度を考えるには最低でも「結果」…、そしてできれば「影響」に関する情報が欲しいところだ。影響とはつまり、リスクマネジメントを通じて**達成したい目的に対する影響**のことだ。仮に目的が安定供給であれば、それに対して、どの程度影響を与えるのかが知りたい情報ということになる。

 ですが、実際のところ、生産が3か月停止するのか、1か月停止するのかなんて分からないんじゃないですか？

 もちろん誰にも分からない。だが、すべてを「変数」にしてしまうと、それこそリスク分析なんてできなくなる。これくらいなら起こりそうという事態を想像して決めるしかない。1か月停止なのか、3か月停止なのか、とにかく決める。決めたらそれを固定値にして、影響度や発生可能性を考えればいい。

 リスク分析がうまくいかないのはなぜ？　という話だけれど、その手前のリスクを洗い出す段階に問題があったということですね。

 そういうことだ。ただ、常にリスクを丁寧に書き出さなければいけないという意味ではない。**リスク分析に問題を感じるようであれば、これらの点に気を付けるといい**だろうという意味だ。丁寧にリスクを書き出すのは時間のかかる作業だしね。

 はい！

📖 講義ノートまとめ

リスク分析をする際の判断の迷いをなくすにはどうしたらいいか？

☐ リスクを洗い出す際に、より詳しい情報を記載するよう心がけることが重要。具体的には、原因と結果と影響の3要素を押さえる必要がある

エマージングリスクと付き合うコツは？

リスクの大きさを算定するコツは理解できましたが、どうしたって**リスクの大きさを見誤る場合はある**じゃないですか？

たとえば？

たとえば、YouTubeのようなオンラインストリーミングサービスが、ここまで台頭して既存メディアを脅かすとは思わなかった…みたいな。想像していた人も多少はいたかもしれないけれど…。

ははぁ。はるき君は**エマージングリスク**のことを言っているんだね。

エマージングリスク!?

新しく出現してきたリスクのことで、新興リスクと呼ぶこともある。技術分野ではよく見かける類いのリスクだ。少し前だとフィルムカメラの主要プレーヤーがデジタルカメラやスマートフォンというエマージングリスクの顕在化によって、主導権を失った例が思い浮かぶよね。

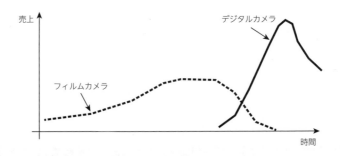

エマージングリスクの特徴は何ですか？

エマージングリスクは、そもそも知見や判断材料が不足気味で、正確なリスク分析や評価が難しい。

判断材料が少なければ分析が困難だというのも頷ける。

レントゲン写真に写った影のようなものだと想像してみると分かりやすい。撮影角度の関係でたまたま写ったものかもしれないし、何かの悪い兆候なのかもしれない。翌週には消えているかもしれないし、逆に急に大きくなっているかもしれない。こういう状況下でリスク分析や評価を行うようなものだ。

では、エマージングリスクに対してはなすすべなしということでしょうか？ どうなるか読めないリスクなら、本来、リスクマネジメントが本領を発揮すべき場面じゃないですか？

エマージングリスクへの対応のコツはある。実際、レントゲン写真に写った影にはどう対応する？

精密検査をします。

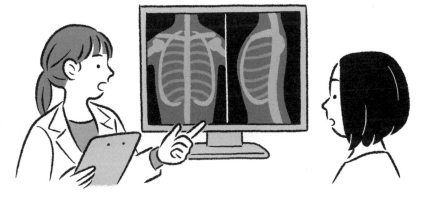

そうだね。だが、精密検査をしても異常な点が見つからない。判断が付きかねた場合はどうする？

セカンドオピニオンを聞いたり、経過観察になったりすると思います。その間、毎日、体調の記録を付けたり、3か月や半年後に、また再検査したりするとか…。

そうだね。体重の変動を記録したり、レントゲン結果に変化は生じていないかなど数か月後に再検査を行ったりするよね。エマージングリスクマネジメントもそれと同じだ。**気になる変化をモニタリングしつつ、継続的にリスクアセスメントを行うことが重要**となる。

うちの営業部のリスクアセスメントって年末に1回やるだけです。それって年1回の健康診断のようなものだから、それだとエマージングリスクに対しては不十分だということですね。

そもそもの話になるのですが、その「影」、すなわちエマージングリスクをいち早く発見するためには何かコツがあるんでしょうか？ 健康診断を受けまくればいいという話ですか？

いい質問だ。ある程度、あたりを付ける必要がある。つまり仮説立てを行うことが必要だ。

仮説立て？

病気ならレントゲン写真を撮ったときに「このあたりに影がみられたら…それはまずい兆候」という仮説があるわけだろう？ それと一緒で、企業において「このあたりに"変化"が見られたら…それはまずい兆候」という仮説立てが必要というわけさ。たとえばこんな感じかな。

	最悪の事態	兆候（仮説）
健康管理	死ぬこと	影が見える、数値が高い
ビジネス （例：ガソリン車製造販売事業）	ガソリン車が売れなくなること	EVの市場シェア増加、革新的バッテリー技術の台頭…

自分のビジネスがどうなったら潰れるか？ ということを考えながら仮説立てすると良さそうですね。

そうだ。エマージングリスク対応の要諦はもう1つある。それは、**自分の基礎体力を把握しておくこと**だ。

 ビジネスでは何をすることが、自分の基礎体力を把握しておくことにつながるんでしょうか？

 たとえば、エマージングリスクが顕在化してきたとして、そこから研究開発などを始めて間に合うのか。その間、既存ビジネスだけで持ち堪えられるのか。資金はもつのか、などといったことを評価することが**ビジネスにおける自分の基礎体力把握**に該当する。ちなみに、こうした評価のことを専門用語で**レジリエンス評価や対応力評価**などと呼ぶ。

 そのレジリエンス評価ってどうやるんですか？

 ピンキリだ。2人に教えたシナリオ分析を駆使して、今後のシナリオ予測をして検証してみるのがいいだろう。細かくシナリオを決めずにあり得そうなシナリオを1つ考えてみて、その環境下で自分たちのビジネスがどうなっていくのかを検証してみるのも1つの手だ。

 そうしたことをやっている企業はあるんですか？

 あるよ。たとえば金融機関などでも異常事態や極端な経済環境の変動に、どの程度耐えられるかを評価するためにストレステストを行っているが、それと同じようなことだ。

 自分の基礎体力を知らないまま、リスクの観察や評価だけ続けても不十分ということですね。

そうだ。もし、基礎体力がない場合、あまりのんびりと経過観察をしていると、気が付いたときには致命傷になっている可能性だってあるだろう？　それは健康管理でもビジネスでも共通だ。エマージングリスクマネジメントの要諦をまとめると次のとおりだ。

――― エマージングリスクマネジメントの要諦 ―――

	基礎体力の把握	健康状態のチェック・記録	再検査・定期検診
医療の世界 （例：レントゲンの影）	（例：手術適応検査等）	（例：体重、痛みやだるさの症状）	（例：CTやMRI、PET検査等）
ビジネスの世界 （例：デジタルカメラ）	レジリエンス力評価 （例：シナリオ分析やストレステスト、訓練等）	予兆指標のモニタリング （例：デジタルイメージング技術の論文数等）	継続的な リスクアセスメント （例：3か月に1回のリスク評価）

同じリスクマネジメントでも、エマージングリスクになると、ちょっと力点や力点の入れ方が変わるんですね。勉強になりました。

エマージングリスクマネジメントの国際規格：ISO/TS31050

　エマージングリスクを放置せず、組織として、場当たり的ではなく、しっかりとキャッチして必要な備えを取れるようにしていきたい。そんな組織の想いに応えるための、いわば参考書のようなものがISO/TS31050（リスクマネジメント - レジリエンスを強化するためのエマージングリスクマネジメントのガイドライン）です。

　ISO/TS31050は、リスクマネジメントの国際規格であるISO31000を補強する規格になります。つまり、一般的なリスクアセスメントやリスク対応、モニタリング・改善において、どの部分を強化する必要があるかについて解説している規格になります。

　ISO/TS31050では、エマージングリスクマネジメントの対応の要諦について、3つのポイントを挙げています。

1. エマージングリスクは、不安定で不確実で複雑な状況の中に生まれるものであることから、未知の変化や、微弱な信号（わずかな兆候）、環境変化の速度などにアンテナを張り巡らせる必要があること
2. エマージングリスクの特徴を踏まえ、継続的なモニタリングやリスクアセスメントが必要であること

3. 正しいリスクアセスメントを行うためにも、組織のレジリエンスを評価し、必要あれば鍛えること

　ISO/TS31050は、2点目の継続的なモニタリングやリスクアセスメントを行う仕組みのことを、リスクインテリジェンスサイクルと呼んでいます。この仕組みでは、具体的には「継続的なスキャニング」「データ収集と分析」「その結果の解釈」「意思決定者への伝達」というステップを踏みます。難しい言葉が並びますが、ここではっきりと言えるのは、一般企業がよく行う年1回のゆっくり丁寧なリスク調査などとは異なるものだということです。年1回の健康診断に頼るのではなく、四半期に1回の頻度で検査をして状況を観察・評価し続けるような…、それを仕組みとして確立しているようなイメージです。

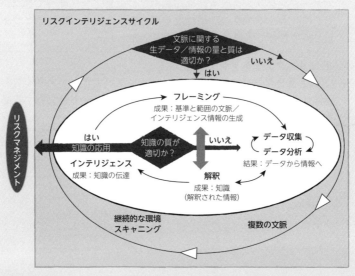

出典：附属書E－図E.1 - エマージングリスクのためのリスクインテリジェンスサイクルを基に筆者が翻訳

エマージングリスクと付き合うコツは？　123

講義ノートまとめ

エマージングリスクとは?

☐ その新しさ、データ不足、意思決定に必要となる検証可能な情報や知識不足などの理由により、まだ完全には理解されていないか、または新発生しているリスクで、将来的に組織に大きな影響を及ぼす可能性があるもの

エマージングリスクをマネジメントするコツとは?

☐ 組織のレジリエンス力評価
- 組織の基礎体力がどれくらいあるのか、コトが起きたときにどれくらい耐えられるのかなどについて、ストレステストや訓練などを通じて評価を行い、必要であれば強化を図ることが重要

☐ 予兆指標のモニタリング
- エマージングリスクは情報や知識不足により完全に理解できないものであるため、リスクの因子になり得るものを決め、継続的にウォッチしていくことで警戒体制を強化する必要がある

☐ 継続的なリスクアセスメント
- 時間経過やデータの蓄積とともに、リスクの大きさが大きく変わる可能性があるため、適切な頻度でリスクアセスメントを実施する必要がある

ヒューマンエラーなど一筋縄ではいかないリスクに立ち向かうには？

リスク対策を考える際には、以前先生に教えていただいた予防や発見、対処といった観点で考えるようにしているんですが、ヒューマンエラーについて対策を考えるとなると結構悩むんです。

対策	対策のフレームワーク			
	その1	その2	その3
	リスク受容 (何もしない)	物理的対策 (頑丈な扉を付ける)	予防的対策 (犬を飼う)
	リスク軽減 (二重カギにする)	技術的対策 (防犯ブザーを設置する)	発見的対策 (監視カメラを設置する)
	リスク共有 (盗難保険に入る)		
	リスク回避 (何も持たない)	人的対策 (不在中、新聞配達を止める)	対処的対策 (警備会社と契約する)

対策を考える際のフレームワーク例
出典:『世界一わかりやすい リスクマネジメント集中講座』3時間目より

よく覚えていたね。それ以外にも、物理・技術・人的とか対策を考える観点はあるけれど、ヒューマンエラーが相手となると、確かに少し厄介かもしれないね。

はい。典型的なのはメール誤送信による情報漏えいリスクです。じゃあ、どんな未然防止策が有効か？ となるんですが、具体的に対策を考えても、あまり良いアイデアが思い付かなくて。

あ、その気持ちも分かる。ヒューマンエラーに関わるリスクの予防策といったら、たいていダブルチェックしますとか、もっと気を付けます！ みたいになるよね。

1ついいものを教えよう。**ヒューマンエラーに対して有効な考え方にSHEL（シェル）モデル**というものがある。

シェル? 何です? それは?

Sはソフトウェア。Hはハードウェア。Eは環境。Lはライブウェア、すなわち人のことだ。その文字を組み合わせて、シェル分析と呼ぶ。もう少し詳しく書くと次のようにまとめることができる。

観点	具体例
S(ソフトウェア)	ルールや手順書
H(ハードウェア)	ツールや製品、部品、工具
E(環境)	作業環境
L(人)	自分や上司、部下のマインド

先ほどのメール誤送信による情報漏えいリスクを例にとると、どのように使えますか?

あくまでも一例にすぎないが、SHELモデルを使うと次のように整理することができるだろう。なお、「人」については、自分自身と仲間や上司などに分けて考えることもできる。

観点	コミュニケーション齟齬に対する対策例
S(ソフトウェア)	・社内のコミュニケーションはメールを使わず別のツールを使うことをルール化する ・アドレス帳には、メールアドレスだけでなく持ち主のフルネームと会社名を登録しておき、そこから宛先を選択するようルール化する
H(ハードウェア)	・外部送信時には必ずポップアップウィンドウが開き、送信先のダブルチェックを促す技術的対策を施す ・メール送信ボタンを押しても、万が一の際に取り消せるよう、すぐには送信されず10分間は留め置かれるよう技術的対策を施す
E(環境)	・外部組織とのメールでのやりとりが多い社員には、画面が大きくきれいなモニタを搭載したPCを用意する
L(人)	・1人の社員に負荷やストレスがかかりすぎないように役割分担を行ったり、問題がないかを確認するための声がけを頻繁に行う

へぇー、こんなのがあるんだ。明日からでもすぐに使えそう。

ヒューマンエラーを最も恐れる業界の1つ、航空業界で広く使用されている考え方だから、間違いなく有益なものだ。リスク対策を考えるだけでなく、事故が起きたときの根本原因の特定や再発防止策を検討する際にも使えるものだ。

まさに私の悩みを解決してくれる方法です。先生、ありがとうございます！

慣れてきたら、**他の分析手法と併用することもできる**だろう。たとえば、蝶ネクタイ分析と合わせて使うなんてこともできると思うよ。

おおっ、そうか。確かに！

ぜひ、使ってみてくれ。

はい！

📔 講義ノートまとめ

ヒューマンエラーの対策を考えるためのコツは？

☐ SHELモデルを使ったリスク対策の検討や再発防止策の検討が有効である

SHELモデルとは？

☐ Sはソフトウェア。Hはハードウェア。Eは環境。Lはライブウェア、すなわち人のことであり、これらの頭文字をとった略称

リスク感度を上げるには？

未然防止策がどれだけ完全でも、事故が起こるときは起こる。まずい事態が起こりそうになったとき・起こったときに対応するためのポイントって何かな？

まずい事態を、いち早く察知して報告することだと思います。

いち早くメンバーに察知してもらって、報告を上げてもらうためにはどうしたらいい？

事態の発生には段階があると思うので、日頃から何をウォッチしておくかを決めておくことが大事じゃないでしょうか？　予兆指標みたいな。

そうだね。「火災の予兆は煙や熱だ」と分かっているから、火災報知器のような装置を使っていち早く検知できるわけだよね。はるき君はどうだい？　何か普段から業務上でウォッチしている予兆はあるかい？

営業での勝敗に関する予兆ですね。お客様からの連絡が少なかったり、コンペの際の他社からの提案を含め、現状について詳しい情報をお客様が提供してくれないのは、負ける予兆だと思っています。

分かりやすい例だね。

ですが先生、明確な予兆がないものもありますし、1つ1つのリスクの予兆を考えるのは大変です。他に何か良い方法はありませんか？

事例を見ながらヒントを探してみよう。先日、妻に白菜を買ってきてほしいと頼まれてスーパーに足を運んだんだ。4分の1サイズの白菜が350円で売られていた。安くはないなと思ったけれど、そんなものかなと思って買って帰ったらえらく怒られてね。

丸山先生の視点（白菜の値段）

先生、それはものすごく高いです。安いときは100円を切っていたりしますし。その約3倍以上ですからとても高いです。

妻も同じことを言っていたよ。私はその異常さに気付けず、君は気付けた。この差は何だろうね？

それは、なつきが普段の値段を知っていて、先生は知らなかったからだと思います。

そこにヒントがありそうだね。なつき君は比較できるデータを持っていたんだ。「比較」がポイントだ。**何かの変化や異常、特徴に気付けるようにするためには「比較できる環境をいかに作れるか」**だ。

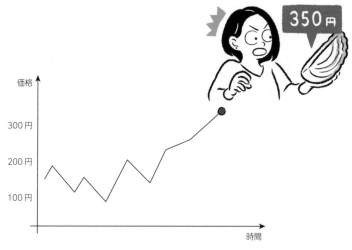

なつきの視点（白菜の値段）

比較？

たとえば外国の人が日本に来ると、日本がいかに安全な国であるかに驚かされると同時に、彼らの国がいかに治安が悪いかに気付かされることが多い。そういう良さ・悪さに気付けたのは比較できる状況を作れたからだ。

それがリスク顕在化をいち早く察知する助けにもなるということですか？

品質不正事件を起こしたある工場でのことだ。仮にそれをＡ工場と呼ぶことにしよう。事件発覚前、そのＡ工場に、別のＢ工場から工場長が異動してきたんだ。そのときに新任の工場長は「自分のいた工場と何かやり方が違うな」と思う瞬間があったそうだ。

自分が元いた工場と比較できるようになったことで、リスク顕在化の可能性に気付けたのですね。

比較にもいろいろな形がある。工場の事例のように、**すでにある他の何かと比較してみるのも１つの手だが、ビフォー・アフターの比較ができるような環境を作っておくことも有効な手**だ。

「比較」のおかげでリスク顕在化をいち早く察知した成功事例

　丸山先生は、その講義の中で「何かの変化や異常、特徴に気付けるようにするためには、比較できる環境をいかに作れるかである」と述べていました。このように何かと比較することができたことで、異常に気付いたり、違和感をもつことにつながり、リスク顕在化にいち早く気付けた事例はたくさんあります。

　経営学の教授、マイケル・A・ロベルト氏はその著書『なぜ危機に気づけなかったのか ― 組織を救うリーダーの問題発見力』の中で、心理学者のゲイリー・クライン博士が行ったという、生死を分ける決断ができた消防士の心理状態の研究事例について紹介しています。

> 　クラインが根掘り葉掘り質問したので、隊長は火災現場で考えていたことを説明しだした。いくら放水しても火の勢いが衰えないことに驚いたことを思い出した。リビングが異常に熱いのを不思議に思ったことも記憶に残っていた。台所の小さな火がこれだけの熱を出すとは思えない。それと同時にリビングに立っているとわずかなもの音しか聞こえないことに気づいた。これはおかしい。この程度の火の勢いであればもっと大きな音がするはずだ。後になって火元は彼が立っていた真下の地下室でリビングの床が崩れたのはそのせいだということが分かった。水が役に立たなかったこと、猛烈な熱気、音が静かだった事はこれで説明がつく。そのとき隊長はこうした事実を知らなかった。しかし彼は何かがおかしいと言うことを知っていた。直感のおかげで重大な問題に気づくことができた。クラインは隊長の思考過程を次のように解釈している。
> 　全体のパターンがしっくりこなかった。彼の期待は裏切られたし、一体何が起きているのか見当がつかなかった。それが部下を建物から退去させた理由だ。隊長は長年の経験からいくつかのはっきりとしたパターンを頭の中にしまいこんでいた。彼はこうしたパターンの1つを当てはめてみることによっていろいろな状況判断することに慣れていた。そのパターンをはっきりと言葉で表したりその特徴を説明することができなかったかもしれない。しかしパターンを当てはめるプロセスを経れば、状況をはっきり把握し落ち着いた気持ちになることができた。
> （マイケル・A・ロベルト『なぜ危機に気づけなかったのか ― 組織を救うリーダーの問題発見力』第4章 パターンを探す　より）

消防隊長が違和感に気付けた理由として、直面した状況を「過去のいくつかの成功パターン」と比較することができたということからも、「比較」がキーワードであることが分かります。

具体的にはどうするんですか？

たとえば、テロ対策ではゴミ箱やロッカーを使用禁止にする。これをビフォーの状態にすることで、アフターに爆弾など異物が置かれても検知しやすくなるからだ。

なるほど。

また、従業員満足度アンケートだってビフォー・アフターを作るツールになる。満足度を計測することでベンチマークを作れる。経年変化を見ることで異変に気付けるかもしれない。業務を標準化させることも同じだ。

リスク顕在化をいち早く検知するには、予兆指標を設けることもさることながら、**比較できる環境をいかに作れるか**、ですね。

そうだ。たとえば、労災事故が起こりそうとか起こったぞということをいち早く察知するためには、整理・整頓・清掃・清潔・躾、すなわち5Sの徹底が必要不可欠だということが分かるだろう？ 5Sはビフォー・アフターを比較できる環境作りをする最良のツールの1つだからだ。

それで思い出しましたが、僕の机は汚いんですが、おかげで物がなくなっても気付けません。

それって自慢することじゃないわよね。でも、それもビフォー・アフターの比較の話が当てはまるわね。

会社の中で、どういうところに「比較」できる環境を作ることができるか、一度、メンバーと集まって議論してみるといいだろう！

比較できる環境をいかに作るかの具体例

● **ビフォー・アフターの比較ができる環境作りを行う**
- 5S（整理・整頓・清掃・清潔・躾）の徹底
- 事故の原因種別データの蓄積
- 従業員満足度調査実施等による現状の可視化（ベンチマーク化）
- 業務の標準化や成功体験の言語化
- 仮説立てや目標設定

● **すでにある何かと比較できる環境を作る**
- 同じ会社内の他部門との比較（例：部門間異動や交流）
- 会社外（世の中）との比較（例：異業種交流）
- 売上等過去データとの比較
- 業界ガイドラインやベストプラクティスとの比較

はい！

リスク感度を上げるには？　133

リアクティブ・マネジメント・フレームワーク

　リーダーシップ論の第一人者、ジョン・コッターのフレームワークにリアクティブ・マネジメント・フレームワークというものがあります。

　このフレームワークは、問題の規模と重要性に応じてリーダーがどのような対応をすべきか、思考を整理することを助けてくれるものです。特に、CEOや上位のリーダーが予測できない事象に対処する際に有効です。日常業務で発生する多様な問題を効率的に処理し、組織の安定性を保つために、リーダーはこのフレームワークを活用して問題の優先順位を判断し、適切な対応を選択することが望まれます。

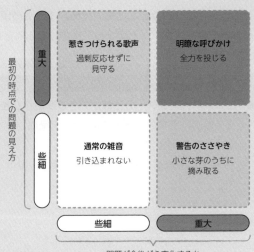

出典:『現場分析のフレームワーク 優れたリーダーは「今起きていること」の重大性を見極める』(ダイヤモンド・ハーバードビジネスレビュー 2024.5)

　なお、フレームワークの4つのカテゴリが指す意味は次のとおりです。

　1つ目の「通常の雑音」とはたとえば小さな予算のずれや顧客フィードバックの変化などがこれに該当します。このような場合、リーダーは直接関与しないことが推奨されます。基本的には、組織がこれらの問題を適切に処理しているかを「信じて確認する」ことで、重大な問題に発展しないよう監視します。

　次に、「明瞭な呼びかけ」です。これはたとえば、製品の大規模な故障や致命的な事故などがこれに該当します。この事象に遭遇したリーダーは、全力で関与し、

迅速かつ集中的に対応することが求められます。組織全体を動員し、問題解決に向けてリーダーシップを発揮する必要があります。

さらに、「警告のささやき」です。これは初期段階の従業員の不満や新たな競合の出現などがこれに該当します。基本的には、早めに手を打てば芽を摘むことができるため、早期に問題を認識し、迅速に対応することが重要です。問題が重大化する前に解決策を講じ、必要に応じて予防措置を取ります。

合わせて、「惹きつけられる歌声」です。これはメディアでの一時的な批判や一時的な市場の変動などのことです。自分たちの会社の存在意義を脅かすような内容なのか、過剰反応せず、冷静に状況を見守ります。時間をかけて情報を収集し、問題が自然に収束するかを確認します。

📖 講義ノートまとめ

主な論点

□ ①まずい事態をいち早く察知するには？

□ ②比較できる環境を作るコツは？

論点に対する答えやヒント

□ ①まずい事態をいち早く察知するには？
  ・何かの変化や異常、特徴に気付けるようにするためには「比較できる環境をいかに作れるか」がポイント

□ ②比較できる環境を作るコツは？
  ・ビフォー・アフターの比較ができるような環境を作っておくことも有効（例：5Sの徹底や業務の標準化等）
  ・すでにある他の何かと比較することを習慣化したり、仕組みとして設けたりする（例：売上等過去データとの比較や組織外の人たちとの交流を増やす等）

リスク感度を上げるには？　135

事故が起こってしまった。
そんなときどうすればいい!?

● バッドニュースファーストを徹底するには？

いち早く問題発生に気付けたとして、それをすぐに報告するかとは別問題ですよね。部内で報告ルールを設けていても、報告が上がってこないことがあります。

僕はチームメンバーに「悪いニュースこそ真っ先に上げよう！」っていつも言っています。でも、まだたまに「何でその情報をもっと早く上げてくれなかったんだ!?」と思うときがあるな。

「報告」の問題だね。どうして報告を上げる人と上げない人がいるんだと思う？

僕の部下は「報告しようと思ったんですけど、先輩が忙しそうだったんで…。何とか自分でしなきゃと思って対応しているうちに報告するのを忘れてしまいました…」みたいに言われたことがありますね。

私の部下の場合は「あ、それは報告対象外だと思っていました」みたいな理由が多いかも…。

いろいろな理由がありそうだね。まず認識を改めよう。**報告はハードル走のようなものだと思うことが肝要**だ。つまり、報告にいたるまでにいくつかの障害が待っている。それなりにエネルギーを要する行為だということだ。

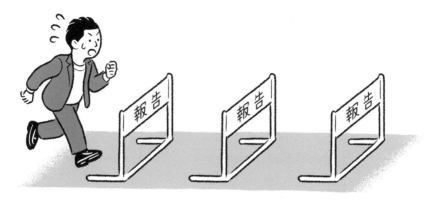

 報告ってみんな上げるべきだし、上げたいって思うのが当たり前だと思っていました。

 「報告すると嫌な顔をされるので上げる気がしなかった」とか、「上司を恨んでいて、むしろ困らせたいと思った」なんてこともある。「報告を上げると会社や上司が困るので、会社のためにも自分のところで止めて処理しておこうと思った」というケースすらある。

 どうすればいいんでしょうか？

 まずは**報告に至るまでに「判断」と「モチベーション」の2つのハードルがあることを押さえておく**といいだろう。判断とは、報告すべきかどうかの判断のことだ。モチベーションとは報告したいと思えるかどうかのことを意味する。

事故が起こってしまった。そんなときどうすればいい!?

「判断」のハードルを乗り越える要諦は何でしょうか？

「え!? そんなことですら報告するの!?」と「そうか、ちょっとでも迷うなら報告すればいいのか！」という意識を持ってもらうことが大事だ。そのために押さえてほしいことが3つある。これはいずれもすべてMUSTだ。

1. 分かりやすい基準設定
2. 刷り込み（テストや訓練）
3. 迷ったときの羅針盤

1つ目の**分かりやすい基準設定**とはどれくらいの分かりやすさですか？

たとえば「顧客や顧客満足度に影響が出たもの、またはその可能性があるもの」とかね。「想定と異なったもの」はすべて報告対象としている企業もある。「想定と異なったもの」って範囲が広すぎないと思う人もいるだろうが、それくらい分かりやすいほうが望ましいということだ。

ただ、どれだけ分かりやすい基準を設けても完璧はないから「刷り込み」が重要になる。そのためにも**テストや訓練を繰り返して浸透させていくこと**が大事だ。

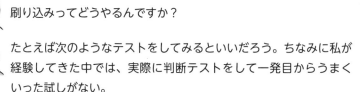

刷り込みってどうやるんですか？

たとえば次のようなテストをしてみるといいだろう。ちなみに私が経験してきた中では、実際に判断テストをして一発目からうまくいった試しがない。

> **あなたが報告するものはどれですか？**
> 選択肢1) 顧客と約束した会議に5分遅れた
> 選択肢2) 顧客から、あなたが携帯を顧客先におき忘れたようだとの連絡が入った
> 選択肢3) 顧客に納品した製品に瑕疵が入ってすぐに交換した

迷ったときの羅針盤って何ですか？

どれだけ判断基準を設けようが、どれだけテストや訓練をしようが、それでも判断に迷うときは迷うから「迷った場合は即報告」とか「迷ったら関係者を巻き込めるだけ巻き込む」というように保険をかけておくことだ。

基準を設定するだけでなく、刷り込みを行い、さらに保険をかけておく…。そこまでやらないと最初にある判断のハードルを越えられないんですね。ちょっと舐めていました。

モチベーションのハードルはどうですか？

 モチベーションのハードルを越えるためには、次のようなリスクカルチャーを醸成する必要がある。

 そういう意識を刷り込むためにはどうしたらいいですか？

 リーダーによる率先垂範がすべてだ。リーダー自身が報告を積極的に上げる姿勢を見せるとともに、そうした事例をメンバーにどんどん紹介していくことが必要だ。また、メンバーが実践してくれたら、それがいかに大事なことか、みんなの前で評価をすることも忘れずにね。

 そういうことは意識できてなかったです。

 僕も一緒だよ。部下が報告を上げてきたら、いつも「さて、どうするかね？」という問いばかりを返していた。これじゃあ、モチベーションが下がるよな。

 分かったかな。報告してもらうためには「努力」が必要なんだ。それを忘れないでくれ。

 はい！

報告の難しいハードルの実際

　不祥事を起こした企業で「なぜそのときに報告を上げなかったのか？」という振り返りがなされています。そのいくつかを紹介します。
　2021年に品質不正が発覚した三菱電機では、規格値を逸脱した製品を出荷していたことに気付いた担当の業務部長らが、すぐに経営に報告しなかった理由について次のように述べたと言われています。

> 「自社が規格値を逸脱した製品を出荷していたことを本部長に報告するだけでは、報告として意味がなく、今後の具体的な対策の検討やそれを判断するための材料を準備してから報告すべきと考えた」

　また、島津メディカルシステムズの社員が、医療機関に納品していたX線撮影装置に、一定期間が経過すると回路を遮断するタイマーを仕掛けていた不正事案がありました。故障を装って部品を交換して売上を計上していたのです。この行為は2009年頃から行われていましたが、同社の経営陣がそれを知ったのは、それから13年後の2022年のことでした。
　2022年から遡ること5年前の2017年。社員から不適切行為の情報が上がってきましたが、残念ながらその情報は経営まで上がることはありませんでした。経営に報告を上げず情報を揉み消す形をとった本部長は、調査に対して次のように述べたと言います。

> 「本件不正行為が明るみになれば島津製作所や島津メディカルにとって重大事になってしまうと考え、当該情報を島津メディカルの取締役会や代表取締役社長、また島津製作所に対し、報告・共有をしなかった」（調査報告書本文P42より）

事故が起こってしまった。そんなときどうすればいい!?　　141

● 再発防止を徹底するには？

事故が起きたとき、将来また同じ過ちを繰り返さないようにするために再発防止を考えますよね。そのやり方を教えてください。

再発防止を行うための第一のポイントは、なんといっても根本原因の特定だ。聞いたことがあると思うが、5回なぜを繰り返す「なぜなぜ分析」が有効だ。たとえば、起きた事故が「システムダウン」だとしたら、5回なぜを繰り返すということは、次のとおりになる。

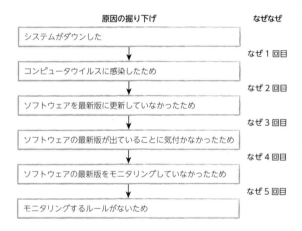

なぜを5回繰り返せばいいんですよね？　簡単そうに見えますが、そんなことはないんですか？

落とし穴がある。**典型的なのは掘り下げが甘くなること**だ。なぜなぜ分析を2回程度で止めてしまうとそうなりやすい。5回に科学的な根拠はないが、1〜2回程度の「なぜ」による掘り下げでは、表面的で直接的な原因に止まってしまうことが多い。次のように対策も恒久的というより暫定対策になる。

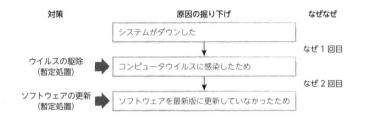

やはり**頑張って5回くらい掘り下げることを**トライしたほうがいいんですね。

もう1つの落とし穴は、**掘り下げすぎてコントロール可能ではないものを根本原因として選んでしまうことだ**。ときにはループしてしまうことだってある。掘り下げすぎると、話が複雑になりすぎたり、現実的でない遠因まで遡ってしまう可能性がある。**5回はあくまでも目安**だと思えばいい。

適度な掘り下げをするにはどうしたらいいんですか？

常に**掘り下げた最後に出てきたものを根本原因として選ぶ必要はない**。「コントロール可能な対策を打てるかどうか」「具体的な対策を思い付けるかどうか」などといった観点でその答えがYESになるところを探せばいい。

具体例を教えてください。

たとえば、次図のように7回目の掘り下げで「会社の売上が伸びていないため」という原因が出ているが、対応のしようがあると思うかい!?

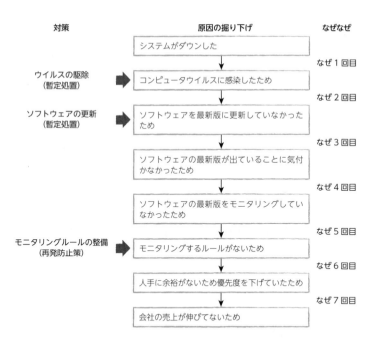

それは難しいです。

落とし穴はもう1つある。これはリスク対応を行うときと同じ落とし穴だ。再発防止策を考える際にどうしても対策に偏りが出やすくなる。たとえば技術者が対策を考えると、技術的な対策になりがちだ。物理的対策や技術的対策、運用的対策など幅広い視点で対策を考えるように気を付けてほしい。

はい！

なぜなぜ分析の応用手法、4M4E分析

　事故や不具合の原因を分析する手法として、4M4E分析があります。これは医療安全や製造業、建設業などさまざまな業種で利用されているものです。4M4E分析は以下に示すMから始まる4要素と、Eから始まる4要素をマトリックス上に組み合わせて分析します。

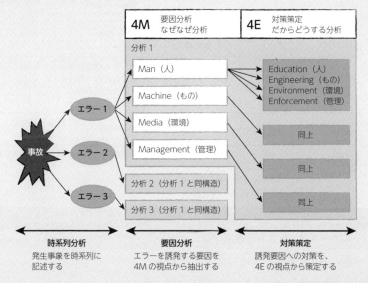

出典：JR東日本の安全管理体制

　JR東日本では最初に、時系列分析（≒なぜなぜ分析）を行い、そこから抽出された要因を4つのMに分解して並べ、それぞれの要因に対して4つのEの観点から対策を考えるアプローチをとっています。4つのEは業界や企業によって適宜、変えられています。たとえば、Example（模範・事例）を追加して5Eとして対策を考えるケースもあります。

		要因(4M)			
		MAN (人間)	MACHINE (物、機械)	MEDIA (作業)	MANAGEMENT (管理)
		数をスピーディに処理することを最優先に考えていた	設備に不具合があり発火した	防火扉を塞ぐモノに気付いても誰も報告を上げなかった	5Sを徹底できていなかった
対策（4E）	Education (人)	…省略…	…省略…	火災の予兆の徹底した勉強	「5Sがなぜ必要なのか」の教育強化
	Engineering (モノ)	…省略…	サーモグラフィによる24時間監視導入	…省略…	…省略…
	Environment (環境)	…省略…	…省略…	少しでも気になることがあったら声を上げる組織風土の育成	…省略…
	Enforcement (管理)	…省略…	…省略…	…省略…	倉庫管理マニュアルの改善

出典：「JR東日本版4M4E分析手法の開発と導入・展開」を基に筆者が編集

📖 講義ノートまとめ

バッドニュースファーストを徹底するには？

☐ 事故の報告を難しくさせる要因は？
　・判断とモチベーションの2軸で攻略すること

☐ 判断の重さを緩和するには？
　・できるだけ分かりやすい具体的な基準を示すこと
　・具体的な事例を添えること
　・テストや訓練を繰り返して浸透させていくこと

☐ モチベーションの重さを緩和するには？
　・「報告しないと最終責任をすべて自分が負うことになる。ただし、報告すればその責任は上司に移る」と思ってもらうこと
　・「報告すると上司や周囲から感謝されるんだな」と思ってもらうこと

再発防止を徹底するには？

☐ なぜなぜ分析を行うコツは？
　・掘り下げが甘くなること
　　・頑張って5回くらい掘り下げに努めてみること
　・掘り下げすぎてコントロール可能な原因ではないものを根本原因として選んでしまうこと
　　・掘り下げた最後に出てきたものを根本原因として選ぶ必要はない

万が一のときの備えを本格的に進めるには？

● 初動対応計画の整備をするには？

「万が一」に対する本格的な備えについて講義をしよう。まず、備えにも、時間経過に合わせて段階や種類があることを押さえておくことが重要だ。

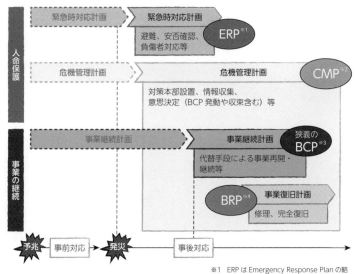

広義のBCPを構成する行動計画の種類

うわぁ、ERPだとかアルファベットが並んでいますが、理解できるかしら。

はは、分かりやすく説明するよ。まずは**「万が一」が発生した直後から数時間・数日の対応**だ。君たちは異常事態が発生したら何をする？

異常事態の中身によりますね。どんな場合でも瞬時に状況を確認します。もし命にかかわることであれば身を守る行動をとります。

そうだね。つまり、**その場の状況把握と安全確保の行動、そのための周囲へのアラート**が最初の行動になる。これを一般的に緊急時対応計画（ERP）と呼ぶ。

はるきが言ったとおり、異常事態によって最初の動き方が変わりそうですが、具体的にどんなリスクを想定するものですか？

「緊急時」という名のとおり、火災・爆発、地震、噴火、風水害、テロなど、瞬時の行動が求められるリスクを想定することが一般的だ。もちろん、地域特性に依存するけれどね。

主にどういう対応が想定されますか？

瞬時の行動という点で、人命保護や被害拡大防止に関わる対応が多い。たとえば避難や現場点呼、負傷者対応、被害箇所への応急処置などが挙げられる。大きい組織だと自衛防災隊みたいなチームを編成する場合もあるね。

緊急時対応計画でカバーすることが望ましい項目

- **行動計画**
  - 行動計画の目的
  - 発生までに時間的猶予がある場合の事前行動
    - 発動基準
    - 警戒警報及び警戒体制
    - リスク評価及び予防措置
  - 発生直後からの行動
    - 発動基準

万が一のときの備えを本格的に進めるには？ 149

- 避難を含む身を守る行動
- 自衛消防隊等の特別な対応体制
- 安否確認
- 二次被害防止
  - 被害箇所への応急処置
  - 負傷者・閉じ込められ者・行方不明者への対応
- 施設内及び施設周辺の情報収集
- 緊急連絡先

● **資機材**
- ヘルメット
- 防災用品（非常用食料品、調理器具、給水器具、簡易医療具類、灯火類、救助用品、地図等）

留意すべきことはありますか？

2つある。複数のリスクを想定した初動を検討する場合、**想定するリスクの共通項と相違点を整理して考えること**だ。たとえば火災と地震では、現場点呼や負傷者対応は必要だし一緒だが、避難の仕方は変わるよね。

確かに…。火災は煙を吸わないように口を押さえて姿勢を低くして避難。地震の場合は落下物から身を守る姿勢をとる、とかでしたね。

2つ目として、**最悪のタイミングでの発生を想定しておくことも大事**だ。都合よく、頼りになるリーダーがいる平日日中に起こるとは限らない。夜間かもしれないし、休みの日に起こる可能性もある。

緊急時対応計画では、それらを踏まえた対応の仕方を考えておくのがいいということですね。

その通り。そうやって避難行動や被害拡大防止、初期の状況把握など、緊急時の対応ができたら、次に何をする？

よく対策本部を立ち上げるっていいますよね。

 そうだ。**人手にも時間にも資機材にも余裕がない混乱した状況下で、どうやって組織を機能させるかが重要**になる。その答えが危機管理計画（CMP）だ。危機管理チーム、いわゆる対策本部の立ち上げや推進に関する行動計画のことだ。

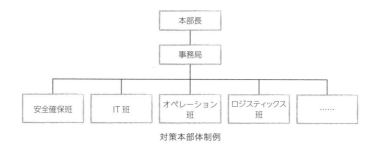

対策本部体制例

 そういうことね。混乱した状況下で、普通の組織図に従って行動なんてできないものね。

 理解しましたが、実際に自分たちにどんな対策本部が必要なのか、パッと出せる自信がないなぁ。

 そうだね。簡単な災害シナリオを用意して、実際に動くことになる関係者とシミュレーションしながら検討を進めていくとイメージもしやすいし訓練にもなるし、いいと思うよ。

XX月XX日　13：28
在庫管理システムが使用不能になった。
外部からの不正アクセスの可能性は否定できない…。

どうするか？

なるほど！　では、危機管理計画では、どんなリスクを想定することが一般的ですか？

危機、すなわち組織にとっての致命傷になり得るものが対象リスクとなる。地震のような物理災害はもちろん、サイバー攻撃や製品リコール、品質不正などの企業不祥事も対象になり得る。

対策本部を立ち上げる必要がありそうな事象は、すべて対象になり得るということですね。それだけに大変そう。

でも、緊急時対応計画同様、危機対応上の共通項も多分にあるからね。たとえば誰が対策本部員になるかという点では、火災だろうが地震だろうが不祥事だろうが、常に候補にのぼる人は似てくるだろう？

そうですね。一般的に組織の幹部は例外なく集まりますよね。

そんなわけで、危機管理計画では、以下のような項目をカバーすることが多い。

危機管理計画でカバーすることが望ましいこと

- 行動計画の目的
- 事故及び危機対応方針
    1. 常に「最悪の事態」を想定して動く
    2. 報告すべきか迷ったら報告、巻き込むべきか迷ったら巻き込む
    3. …etc.
- 事故及び危機レベルと対応責任者
    Lv1：　チームリーダーによる陣頭指揮が必要
    Lv2：　部長による陣頭指揮が必要
    Lv3：　役員／社長による陣頭指揮が必要
- 事故及び危機の報告基準・ルール
- 危機発生時の対応ルール
    ・危機対策本部体制・役割・責任と設置責任者

- ・代行順位
- ・代替コミュニケーション手段
- ・情報収集事項
- ・意思決定事項
- 補足資料
  - ・社外のステークホルダーに対する告知文例

緊急時対応計画と、危機管理計画の留意点は何ですか？

対応体制については、起きた規模によって変えるべきかどうか考慮するといいだろう。特に組織が大きくなってくると、起きた被害規模によっては会社全体を巻き込むのではなく、1つの事業部門内で済ませることができる場合もあるからね。

何かのたびに必ず、社長を巻き込んでいたらキリがないですもんね。それにしても意外に考えておくべきことがありますね。

「万が一」の備えができていればこそ、アクセルを踏めるわけだし、これくらい考えてもバチは当たらないと思うよ。

確かにそうですね。

おっとそうそう。大事なことをもう1つ。何度も言うが、訓練は必要不可欠だ。

なぜなら、「万が一」の対応は、文書だけでは机上の空論にしかならないからですよね。

よく分かっているね。そのとおりだ！

BCPと危機管理

　BCPとは、事業継続計画の略称であり、いざというときにどう対応するかを考えた備えや活動のことを指します。BCPは主に次に示す4種類の行動計画から構成されます。

● 緊急時対応計画（Emergency Response Plan: ERP）

　平時からの備えや活動とは、主として人の命を守り、重要な経営資源がダメージを受けることを最小化するための行動計画です。避難方法をはじめ安全確保のための行動は居場所によっても変わるため、拠点ごとに整備されることが一般的です。防災マニュアルなどと呼ばれることもあります。

● 危機管理計画（Crisis Management Plan: CMP）

　有事下で情報を収集し即断・即決ができるようにするための対策本部に関わる行動計画です。災害対策本部や危機対策本部などと呼ばれることもあります。ERPとCMPを合わせて、初動対応計画と呼ぶこともあります。

●（狭義の）事業継続計画（Business Continuity Plan: BCP）

　基幹システムや工場など、事業継続に必要な経営資源の一部が使用不能になった中で、代替手段などを駆使して、重要な業務や事業の再開・継続を可能にするための行動計画を指します。

● 事業復旧計画（Business Recovery Plan: BRP）

　被災した経営資源を元の状態に戻し、事業・業務を完全回復するための行動計画を指します。代替手段がない場合は、いかに速やかに被災した経営資源を元の状態に戻すかがカギになるため、特に必要になる行動計画です。

● BCPの整備をするには?

危機管理計画後の対応を見ていこう。「安全を確保し、対策本部を立てました。調べるとどうやらxx拠点が被災しているようです。さぁ、社員や顧客のことどうしましょう?」といった問いを考えるようなものだ。

図でいうと、どれにあたりますか?

事業継続計画(狭義のBCP)と事業復旧計画(BRP)がこれにあたる。その名のとおり、「事業」をどうするかを考える計画だ。たとえば、A拠点が被災したらB拠点で代替生産するとか、それが無理なら、人海戦術でA拠点をいち早く復旧させるよう動く、とかね。

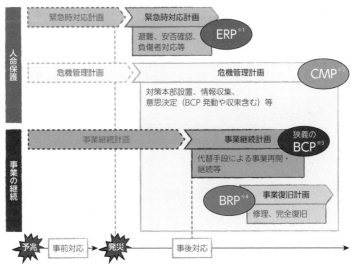

※1 ERPはEmergency Response Planの略
※2 CMPはCrisis Management Planの略
※3 BCPはBusiness Continuity Planの略
※4 BRPはBusiness Recovery Planの略

広義のBCPを構成する行動計画の種類

事業継続計画や事業復旧計画の特徴は何ですか?

最大の特徴は「事業単位で考えるもの」という点だ。事業によって、止めてはいけないもの、速やかに復旧すべきもの、そうでないものなどに分かれるからね。それいかんで行動計画内容が大きく変わるよね。

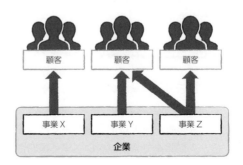

事業ごとに復旧のあり方はそんなに大きく異なるものですか？

変わるよ。試しにいくつかの事業を比較してみようか。これらは一例だけれど、復旧に求められるスピード感や備えのやり方が変わってくることが分かるだろう？

事業種別	早期の事業継続・再開の必要性
病院事業	とても高い（人命に関わる上に、特に災害発生時には、病院需要が増えるため）
アミューズメントパーク事業	低い（人命保護は極めて大事。ただ事業という観点では有事はむしろ、顧客ニーズが下がる可能性がある）
食品事業	比較的高い（有事はむしろ、顧客ニーズが上がる可能性がある。取扱商品による）
電力事業	極めて高い（社会インフラであり、あらゆる活動の根幹になるため。1分1秒でも早い復旧が求められる）

事業によって復旧のあり方が変わるからこそ、初動の動き方とは別に、ビジネスに焦点を置いた事業継続計画や事業復旧計画が重要になるんですね。

そういうことだ。そんなわけで、次のような項目をカバーすることが一般的だ。

> **事業継続計画及び事業復旧計画でカバーすること**
> 1. 目的と適用範囲
> 2. 想定する被災シナリオ
> 3. 事業継続目標
>   1) 事業の継続・復旧目標
>   2) 主要業務と継続・復旧目標
> 4. 事業継続戦略
> 5. 事業継続体制・役割・責任
> 6. 事業継続フロー
> 7. 事業継続手順
>   1) 初動〜計画の発動
>   2) 事業継続策（代替手段）の実行
>   3) 事業復旧策の実行
>   4) 収束宣言と振り返り
> 8. 事業継続管理
>   1) 文書の見直し
>   2) 訓練・演習の実施
> 9. 補足資料
>   1) …省略…

想定する被災シナリオとしては、具体的にどんなものを考えればいいんでしょうか？

事業を継続させるための行動計画だから、**事業を中断させるような被災シナリオを考える**といい。だから、地震や風水害のような天災はもちろんのこと、重要なITシステムを停止させたりデータを破壊したりするサイバー攻撃などを含めたりするのもありだ。

想定する被災シナリオの数が増えて、収拾が付かなくなることはないんですか？

万が一のときの備えを本格的に進めるには？　157

災害事象の種類は無数にあるかもしれないが、それによってもたらされる経営資源への影響は数パターンに集約される。

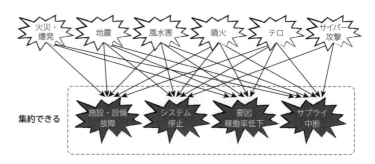

大事なのは災害事象も考慮しつつ、そのように経営資源が失われた中でどうやって優先事業・業務を継続・再開させるかだからシンプルに考えるといいだろう。

つまり「地震が起きたらどうするか」といった起こる原因にではなく、「要員稼働率が低下したときにどうするか」といった結果に注目して考えなさい、ということですね。

どこまでいくらのお金をかけて対策をするかなどは、どうやって決めるんですか？

そのためにはまず、**どれくらいのスピード感で事業を再開させたいか、目標を設定する必要**がある。1分で復旧させたいのか、1か月で復旧させたいのか、で対策は大きく変わるからね。

その目標はどうやって設定するんでしょうか？

簡単に言えば、**「顧客の声」と「経営の声」と「客観的事実」を加味して決めること**になる。なお、客観的事実とは「事業が実際にどこまで耐えられるのか」とか「そもそも今の企業体力でどこまで素早く復旧できるのか？」といったことだ。

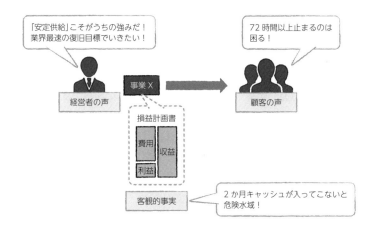

コラム 「顧客の声」を拾うためのステークホルダー分析

　講義では「顧客の声」と説明していましたが、厳密には顧客をはじめとする事業を取り巻く主要なステークホルダーのニーズを考慮することが望ましいとされます。ステークホルダーとはたとえば、顧客のさらにその向こうにいる最終消費者、2次・3次のサプライヤ、地域住民、規制当局、投資家、債権者、業界団体などを挙げることができます。

　事業内容によってこうしたステークホルダーが異なりますし、ステークホルダーの持つ事業継続に対するニーズも異なるため、そうしたことが予想される場合にはステークホルダーニーズ分析を行うことが有効です。ステークホルダーニーズ分析とは文字どおり、事業を取り巻くステークホルダーの洗い出しを行うとともに、事業継続に関わる要求事項を洗い出す分析手法を指します。要求事項とは契約、法規制、業界慣行、リクエストなどのことです。

ステークホルダーニーズ分析（例）

ステークホルダー種別	主要ステークホルダー	ニーズや期待
顧客	A社とB社	48時間以内の復旧
仕入れ先	…省略…	期日どおりの支払
規制当局	…省略…	24時間以内の状況報告
…省略…	…省略…	…省略…

万が一のときの備えを本格的に進めるには？　159

なるほど。ではたとえば、地震や火災・爆発によって要員稼働率低下や主要拠点の機能不全を想定しつつ「24時間以内に事業を再開するぞー！」って目標を決めたとします。この次は？

事業の復旧目標やリスクが決まったわけだから、より掘り下げる必要があるね。具体的には「24時間以内の事業復旧って、つまりどの業務を何時間以内に再開させる話なのか？」とか「その被災想定に基づくと、それら業務に欠かせない経営資源のどれがどれだけダメージを受けたことになるのか？」といったことを考える必要がある。

経営資源って具体的に何のことでしょうか？

要員、施設・設備、情報や技術、外部サービス、キャッシュなどのことだよ。たとえば、生産業務に必要な経営資源となると原料だとか工員だとか生産設備だとかになるよね。

そういった経営資源はどうやって洗い出せばいいんですか？

あたかも事業の因数分解をする感じだよ。事業を支える業務を洗い出し、その業務の中から復旧優先度の高い業務を選ぶ。復旧優先度の高い業務を支える経営資源を洗い出す、というようにね。

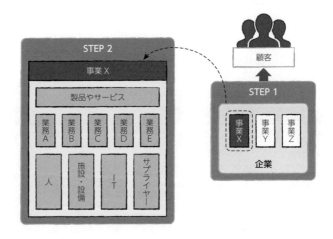

事業→それを支える業務→それを支える経営資源という一連の流れは、極めて合理的ですね。理屈は分かりましたが、実際にどうやるんですか？

この一連の流れを図示すると、こんな分析手法になるよ。

上：事業影響度分析（Business Impact Analysis: BIA）と、下：経営資源分析

業務	各業務中断が事業にもたらす影響			優先業務かどうか	目標復旧時間(RTO)	優先業務を支える経営資源
	1日	1週間	1か月			
営業	小	小	小	NO	…	…
受注	小	小	中	NO	…	…
調達	小	大	大	YES	3日	X購買システム、Yサプライヤ、Z設備
…	…	…	…	…	…	…

経営資源	目標復旧時間	想定する被災シナリオ	ギャップ(リスク)	事業継続戦略	復旧手段
X購買システム	3日	4日間システム停止	1日	代替策	電話やFAXなど利用可能な通信手段を使ってアナログの発注を行う
Yサプライヤ	3日	1か月稼働停止	27日	代替策	海外のWサプライヤから航空便で原料を取り寄せる
Z設備	3日	1か月使用不能	27日	復旧策	別部門から人員をかき集め、片付けや倒れた設備の復旧作業を行う
…	…	…	…	…	…

なるほど！　こうやって分析した結果に基づいて、先の行動計画書の形に落とし込むんですね。

長々と説明してきたけれど、まとめると次のような感じかな。

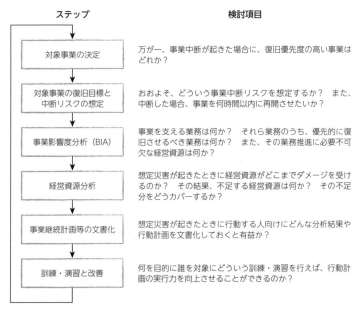

事業継続計画策定の流れ

 だいぶ分かりやすくご説明いただきましたが、道のりが長いですね。巻き込む関係者も多そうだし、一大プロジェクトになりそう。

 それだけ「事業」というものは、複雑なものの上に成り立っているということだ。逆に言えば、こうした事業が災害の直撃を受けてから、「どうやって復旧をすべきか？」を考えるのでは遅すぎるということが分かるだろう？

 説得力あります。

 そうだ。そして、くれぐれも忘れないでほしいが、もう1つ大事なことは…。

 「訓練はMUSTだ」ですね！

そのとおり！

コラム BCPにおける重要な指標の1つRTOとRLOとは

　BCPの復旧目標を検討する上で欠かせない要素にRTO（Recovery Time Objective：目標復旧時間）とRLO（Recovery Level Objective：目標復旧レベル）があります。RTOが業務や経営資源の復旧に要する時間を表すのに対し、RLOは復旧に求める品質やサービスレベルを表します。

　たとえば、物流部門のRTOが6時間であり、RLOが70％といった場合、これは物流機能の再開を6時間以内に行えるようにするとともに、復旧後の物流業務が元の能力の、70％の水準で動作することを目標としていることを意味します。

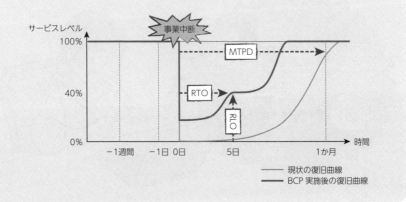

● IT-BCPの整備をするには？

今日、デジタル技術やITサービスは不可欠な存在となっている。「万が一の備え」を考えるにあたって外せないエリアだ。だからIT-BCPについて触れておきたい。

BCPで十分ではないんですか？

BCPでもカバーされるが、ITサービスの継続性を考えるだけで一大論点になるからね。依存度によってはITサービスに特化した行動計画があってもいいだろう。複雑かつ高度な技術やエンジニア、ベンダーなど多くの助けがあってのITサービスだからね。

大変そう。

もちろん、技術的な分析・評価は必要だが、IT-BCPでは、その手前の段階でもっと重要なことがある。ここではマネージャー以上なら、誰もが知っておきたい要諦について述べておきたい。

よろしくお願いします。

まず、大枠の動き方はIT-BCPもBCP同様だと考えるといいだろう。ITサービスの問題発覚直後からの初期対応に始まって、対策本部立ち上げ、ITサービスの復旧へといった流れになる。

具体的には以下のような感じだ。

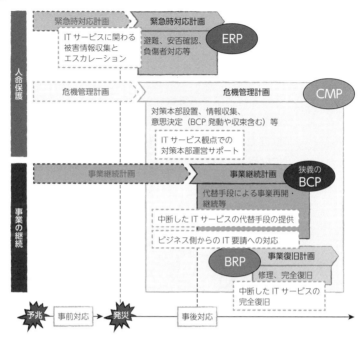

全体感が見えると少し安心します。ですが、きっとITサービスならではの落とし穴があるんですよね？

うん。まず気を付けたいのは、**ITサービスの問題が認識されたときの社内の報告スピード**だ。物理的な災害と違って、目に見えないいわば論理空間での状況把握だからね。いろいろ調べ始めるとあっという間に時間が経ってしまう。

そうなんですか？

だから、報告速度に対する期待値が、現場と経営との間でずれることが多いんだ。「どういう場合にどれくらいのスピード感で上げるのか」について、意識合わせをしておくことが必要だ。

バッドニュースファーストの徹底ですね。

次に気を付けたいのが、**サイバー攻撃の可能性**だ。障害が、単なる故障や操作ミスによってもたらされたものなのか、ハッカー等の攻撃によってもたらされたものなのかで動き方が大きく変わってくる。

どう変わるんですか？

単なるITシステム障害なら復旧に全力を注げばいいが、サイバー攻撃なら、セキュリティの穴を防がないと元の木阿弥だ。そのためにはITセキュリティの専門知識を持つチームのサポートが必要不可欠になる。

ITとセキュリティの両方の知識ですか？

そうだ。ちなみに、そういう専門知識を持つチームのことをCSIRT[*1]ともいう。最悪の想定をどこまで考えるべきか、被害拡大防止のために稼働中のITサービスをどこまで止めたほうがいいか、素人では判断できないだろう？

なるほど。だから最初の問題の切り分けが重要なんですね。

---

*1　CSIRT：Computer Security Incident Response Teamの略称

あと気を付けたいのは、**ITサービスの利用者との期待値調整**だ。ITサービスの利用者とは、その用途にもよるが、社員の場合もあれば、顧客の場合もある。

利用者が社員の場合だと、どんな期待値調整が必要ですか？

たとえば、繁忙期に、受注管理システムが大規模障害に見舞われたとする。ITサービス管理部門は「データ量が多いので復旧までに2週間かかる」と営業本部長に報告してきた。はるき君がその報告を受ける立場ならどう思う？

2週間の停止はあり得ないです。譲歩しても数日です。そもそも、そういうビジネスニーズを押さえた障害耐性を持つシステム設計をしておくべきだと思います。

仮に、ニーズに応えられないにしても、そういうリスクがあることを事前に知らせて経営が了承しておくべき話だと思うわ。

そうなるよね。ところが期待値がずれることが多い。**ITサービスの管理部門側はシステムの側面で物事を考えがちだし、事業部門側はビジネスの側面で物事を考えがち**だ。だから、事前の期待値調整が大事なんだ。

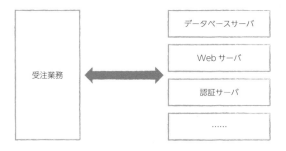

ITサービスの利用者が顧客の場合は、どんな期待値調整が必要ですか？

留意点は利用者が社内でも社外でも一緒だが、社外の顧客のほうがコミュニケーションの距離が遠くなる分、さらなる配慮が必要だ。ITサービス部門も、ITシステムと格闘しているわけだから、どうしたって顧客目線が弱くなりがちだ。技術的な用語を含んだ会話や報告も多くなる。経営も、顧客目線での状況理解のハードルが上がる。

顧客目線といっても、言うは易し行うは難しですね。コミュニケーション上のルール整備やサポート体制の検討が鍵になりそうですね。

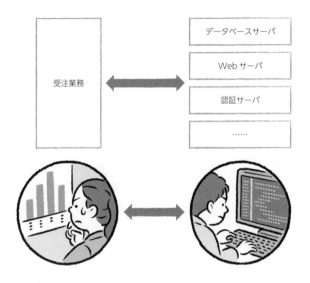

そういうことだ。IT-BCPのポイントをいろいろと述べたがまとめると次のとおりだ。

IT-BCPのポイント

- 初報のあり方を経営と現場で合意しておくべし！
- サイバー攻撃の可能性を意識して動け！
- ITサービスの利用者目線を忘れないコミュニケーション手段・体制を確保せよ！

お話しいただいたことは、すべてITならではのポイントですね。ITサービスに力点を置いたBCPが必要だという意味がよく分かりました。

そんなわけでIT-BCPでは以下のような項目をカバーすることが必要になる。

IT-BCPでカバーすること

1. 目的と適用範囲
2. 想定する被災シナリオ
3. 事業継続目標
    1) 事業の継続・復旧目標
    2) 重要業務と継続・復旧目標
4. ITサービス継続戦略
5. ITサービス業務継続体制・役割・責任
6. ITサービス継続フロー
7. ITサービス継続手順
    1) 初動〜計画の発動
    2) ITサービス継続策（代替手段）の実行
    3) ITサービス復旧策の実行
    4) 収束宣言と振り返り
8. ITサービス継続管理
    1) 文書の見直し
    2) 訓練・演習の実施
9. 補足資料
    1) …省略…

そして、例によって机上の空論にならないように訓練が必要なんですよね！

そのとおりだ。複雑かつ高度な機械が相手の話なので、**IT-BCPの訓練はやりすぎと思えるほどやっておいたほうがいい**。ITサービスの重要性にもよるが、毎月何かしらの訓練をやっている企業もあるくらいさ。

 IT-BCP策定のための分析手法

いくらIT-BCPがITサービスに力点を置いたBCPとはいえ、事業や業務と切り離して考えることはできません。つまり、ITサービスの復旧目標は、事業や業務がどれくらいのスピードで復旧することを望んでいるかに依存するということです。

したがって、IT-BCP策定時には次のような分析が必要になります。これらは、BCP策定時に行う分析ととても似ています。一番の違いは、次の図を見ると分かります。経営資源分析をする際に、ITサービスに関わる経営資源を掘り下げていく点です。

上：事業影響度分析（Business Impact Analysis: BIA）と、下：ITサービス経営資源分析

業務	各業務中断が事業にもたらす影響			優先業務かどうか	目標復旧時間（RTO）	優先業務を支える経営資源
	1日	1週間	1か月			
営業	小	小	小	NO	…	…
受注	小	小	中	NO	…	…
調達	小	大	大	YES	3日	X購買システム、Yサプライヤ、Z設備
…	…	…	…	…	…	…

経営資源	目標復旧時間	内訳	依存関係	目標復旧時間	…
X購買システム	3日	データベースサーバ	…	3日	…
		Webサーバ	…	3日	…
		…エンジニア	…	3日	…
		…ベンダー	…	…	…

IT-BCPにおける重要な指標の1つRPOとは

　IT-BCPの復旧目標を検討する上で欠かせない要素の1つがRPO（Recovery Point Objective：目標復旧地点）です。同じ復旧目標でありながら、RTOが復旧速度を表すものであるのに対し、RPOは復旧させるデータの新しさを表します。たとえば、顧客管理システムのRTOが3時間であり、RPOが0時間といった場合、顧客管理システムの利用再開を3時間以内に行えるようにするとともに、ダウン直前までの最新データを利用可能にする目標であることを意味します。

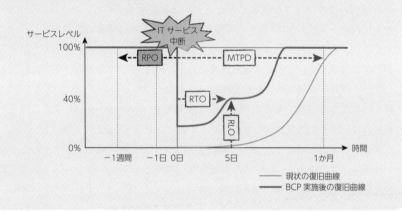

究極のIT-BCP訓練、カオスエンジニアリング!?

　オンラインストリーミングサービス企業で有名なNETFLIX（ネットフリックス）は、IT-BCPの訓練を効果的・効率的に行っていることで有名です。

　NETFLIXにとっての最悪の事態は、オンラインストリーミングの品質に問題が起こることです。映像の画質に問題が起きたり、映像配信が止まったりすることはビジネスの根幹を揺るがしかねない事態です。こうした障害を起こさないように二重・三重・四重にも冗長化したシステムを組み上げますが、いざというときに本当にバックアップが機能するかどうかは検証する必要があります。ですが、膨大な数のシステム1つ1つを、何度もテストを行うのは至難の業です。

　そこで、こうした問題を解決しようと彼らが編み出した考え方が、カオスエンジニアリングです。これは「現実世界のカオス（混沌）、すなわち"不意に起こるシステム障害"を意図的に創出し検証できるようにする」というアプローチです。意図的に、本番環境の望んだ部位に望んだ種類のネットワークやシステム障害を発生させ、冗長化機能が作動するかどうか頻繁にテストし続けています。

　テストに失敗したら？　という心配もありますが、一定のコントロールをしながら実施していますし、仮にそれで障害が起きたとしても、"エラー"という名のがん細胞が大きくなる前に検知し除去する機会になるわけですから、全体としてはそのほうがリスクを小さく抑えることができるわけです。こうした取り組みをやっていても大規模障害から逃れることはできませんが、それでも世の中の類似サービスに比べてはるかに安定した品質のサービス提供を実現できていると言えるでしょう。米国企業らしい非常に合理的なアプローチですが、「BCPの実効性＝演習・訓練」という理論を、最も体現している企業の1つだと言えます。

講義ノートまとめ

初動対応計画の整備・運用をするには？

☐ 初動対応計画は、緊急時対応計画（ERP）と危機管理計画（CMP）から構成される

☐ 緊急時対応計画（ERP）に関するポイントは以下のとおりである
- ・人命を含む重要な経営資源の保護を目的とした行動計画
- ・その場の状況把握と安全確保の行動、そのための周囲へのアラートが最初の行動になる
- ・「緊急時」という名のとおり、火災・爆発、地震、噴火、風水害、テロなど、瞬時の行動が求められるリスクを想定することが一般的である
- ・行動計画策定にあたっては、①想定するリスクの共通項と相違点を整理して考えること、②最悪のタイミングでの発生を想定しておくことが重要である

☐ 危機管理計画（CMP）に関するポイントは以下のとおりである
- ・人手にも時間にも資機材にも余裕がない混乱した状況下で、どうやって組織を機能させるかを示した行動計画
  - ・危機、すなわち組織にとっての致命傷になり得るものが対象リスクとなる
  - ・対応体制に柔軟性を持たせることが重要であり、起きた危機の規模に合わせた対策本部の設計がポイント

☐ 初動対応計画の要諦は以下のとおりである
- ・被災シナリオを用意して、それに基づいてシミュレーションしながら、必要な行動ルールを決めていくのも手
- ・訓練はMUST

事業継続計画（BCP）及び事業復旧計画（BRP）の整備・運用をするには？

☐ 事業継続・復旧計画とは、普段使えるはずの重要な経営資源の一部または全部が使用できなくなった場合に、どのように重要業務・事業を継続・再開させるかを目的とした行動計画

☐ 事業継続・復旧計画は、その事業固有の事情を汲み取った行動計画であるとも言える

☐ 事業継続・復旧計画では、事業を中断させるような被災シナリオ（例：地震や風水害、サイバー攻撃等）を考える必要がある

□ 事業継続・復旧計画策定にあたっては最低限以下の分析を行う必要がある
  ・事業影響度分析（BIA）：事業継続に必要な経営資源を導き出すために
    は「事業とその復旧目標 → 事業を支える優先業務とその復旧目標
    → 優先業務を支える経営資源とその復旧目標」という順番に分析を行
    う
  ・目標復旧時間は、正確な答えを導き出すことよりも、決めること自体
    が重要である
  ・経営資源分析：「優先業務を支える経営資源とその復旧目標」が特定
    できたら、それに想定する被災シナリオをぶつけてリスクを特定する。
    そのリスクに対して対策を考える

□ 事業継続・復旧計画でも、訓練はMUSTである

IT-BCPの整備・運用をするには？

□ BCPの中でもとりわけITサービスに焦点を置いた行動計画のことをIT-
  BCPと呼ぶ

□ ITサービスの報告速度に対する期待値が、現場と経営との間でずれるこ
  とが多いため、「どういう場合にどれくらいのスピード感で上げるのか」に
  ついて、意識合わせをしておくことが必要

□ ITサービスの障害が、単なる故障や操作ミスによってもたらされたもの
  なのか、ハッカー等の攻撃によってもたらされたものなのかで動き方が大
  きく変わってくるので、サイバー攻撃の可能性も考慮に入れながら動ける
  ようにしておくこと

□ 社員や顧客など、ITサービスの利用者目線を忘れないコミュニケーショ
  ン手段・体制を確保することを意識しておくこと

□ IT-BCPの訓練はやりすぎと思えるほどやっておいたほうがいい

4時間目

息を吸うように リスクマネジメント活動 をするには!?

リスクアセスメントやリスク分析の手法、さまざまなリスクのパターンへの対処法などを通して、リスクマネジメントへの理解がぐっと深まったかと思います。では、リスクマネジメントを、"息を吸うように"当たり前に行うにはどうすればよいのでしょうか。

息を吸うようにリスクを抽出するには？

ここからは「息を吸うようなリスクマネジメント」について講義をしていくよ。

息を吸うような!?

息を吸うように当たり前に実践できるリスクマネジメントを目指そうという意味だ。必要最小限の力で必要最大限のパフォーマンスを引き出すリスクマネジメントをどのようにしたら実践できるかという意味でもある。

そんなことができたら、本当に素晴らしいですね。ぜひ知りたいです。

よし、早速講義に入っていこう！

● スモールスタートを意識しよう

まずはリスクの抽出だ。息を吸うように、当たり前にリスクマネジメント活動をするためには、**できるところからやるスモールスタートを心がけることがベスト**だ。

前の講義では網羅性を追求しすぎないことが大事って話は聞きましたけれど、それのことですか？

その精神が大事だ。まずは**組織が検討するリスク数を最初に決めておくことが有効な手段の1つ**だろう。

リスクの数を決めるといっても、どれくらいが適当なんでしょうか？

「リスクマネジメントにどれだけの時間をかけられるのか？」という問いの答えから逆算して考えるといいだろう。

たとえばリスク特定、分析、評価、対応といったステップそれぞれに1時間ずつかけるなら合計4時間とか…ですか?

そう、そんな感じだ。ただし、リスクマネジメントを知っていると、逆にそうしたお決まりのステップをきちんと踏もうとしてしまうけれど、「はい、うちの組織の重大リスク3つは何だろう?」くらい気軽にリスクアセスメントを行うのもありだよ。

我が組織の重大リスクは次の3つです!
- 地震で物流倉庫が被災し2週間、事業が中断するリスク
- 海外主力拠点を任せる人材が見つからず、海外展開計画が半年以上ずれ込むリスク
- サイバー攻撃で顧客データを破壊・喪失され、1か月間事業が中断するリスク

確かにそれくらいなら、短時間でできそうですが、それでも問題はないんですか?

仮に議論の俎上に載らないリスクがあっても、あとから必要だと思えばそのときに議論すればいいだろう。それに本気でリスク対応しようと思うと、それなりに負荷がかかるよ。最初からあまり背伸びしないほうがいいと思うな。

慣れてきたら徐々に増やしていくわけですね。この点を意識できれば息を吸うようなリスク抽出が実践できるということでしょうか!?

息を吸うようにリスクを抽出するには? 177

そうだね。そして、もう1つ。**人が意思決定する際には、みんな頭の中で大なり小なりのリスクマネジメントをやっている**と教えたよね。人間はそうした意思決定を1日に何回もやっているとも。

はい。

意思決定という行為そのものこそ息を吸うような活動の代表例なのだから、それに便乗させればいい。たとえば、購買の決裁をとるタイミングとか、新しいプロジェクトにゴーサインを出すタイミングとか、次年度の予算取りをするタイミングとか…。

意思決定場面でリスクを検討するって具体的にはどんな感じでしょうか？

たとえば、部下が「来期は生産性を20％向上させます。そのためにDXを使ってこれこれこういう施策を推進します。ついては3,000万円の予算を承認してください」と稟議を上げてきたとする。君たちなら、どう意思決定する？

施策の詳細と根拠を確認する必要があると思う。特に、どのようにして20％の生産性向上が見込まれるのか、その計算や過去の実績を基にした根拠があるかをチェックしたいかな。

3,000万円の予算が本当に必要なのか、その内訳を詳しく知りたいわね。

そうだね。さらに言うなら、意思決定は責任を伴う行為だから、自分の承認イコール、どんな責任を負うことになるのかも知りたいだろうね。

つまり、得られるリターンに対して、どんなリスクをとるのかを知るべきだということですね。

うん。たとえば「最悪、どれくらいの損失を被ることになるのか？」は知っておきたいよね。その他、次のようなことくらいは押さえておきたいだろうね。

部門目標達成及び戦略実現にあたり…

- 無条件にとると決めたリスクは何か？
- 条件付きでとると決めたリスクは何か？
- その条件を満たすために必要な予算は何か？
- とらないと決めたリスクは何か？

なるほど、しっくりきますね。意思決定するなら、こういう情報も用意されているべきですよね。

分かったかな？　ここでの講義をまとめるなら**「息を吸うようにリスクを抽出するのなら、スモールスタート＆意思決定プロセスへの便乗を心がけよ」**だ。

なんか、やれる自信が湧いてきました。

講義ノートまとめ

息を吸うようなリスク抽出とは何か?

☐ 息を吸うように当たり前に実践できるリスクマネジメントを目指そうという意味

息を吸うようにリスク抽出するコツは何か?

☐ できるところからやるスモールスタートを心がけることがベスト
- ・そのためには抽出する数をあらかじめ決めておくのも手
- ・息を吸うように当たり前にできている活動にリスクアセスメントの活動を便乗させるのがいい
- ・具体的には、意思決定という行為そのものが息を吸うように当たり前にやっているものなのだから、それに便乗させればいい

息を吸うように効果的なリスク対策を打つには？

先生、リスクマネジメントの話をすると、割とリスク抽出の話に終始しがちです。ですが、リスク抽出後の活動が、実際はおざなりな活動になってしまっているイメージがあります。

おざなりな活動って？

たとえば、「情報漏えいリスクは対応しなきゃいけないよね。じゃあ、半期に1回セキュリティ研修を実施しようか」となり、期末に「予定どおり研修を2回実施したので問題なし」となるような形式的な活動です。

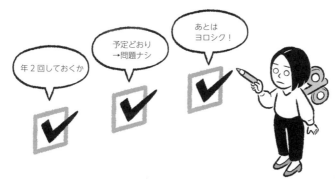

うわっ、おざなりだな…。

それは問題だね。世の中の大事故の多くは、リスク対策不足で起こることも多いからね。**リスク対策の過不足を評価して、適宜、修正していく活動こそが重要**だと言っても過言ではない。どうしてそんなおざなりな活動になってしまうんだと思う？

決めることを決めたのだから「あとは担当者レベルで対応できるでしょ。任せた」みたいになりがちなんだと思います。

加えて「リスク対策の評価＝進捗確認」って思い違いをしている人が多いからじゃないかな？

2人の推察のとおりだろう。本来は、「**やるべきことをやったか？**」**だけではなく「リスク対策の目標を達成できたか？」とか「やって期待どおりの効果があったか？」といった観点でのチェックも必要**なはずだ。だが、それができていないに違いない。

具体的にはどんなイメージですか？

人材流出リスクを例に考えてみよう。従業員とのエンゲージメントを上げるために、1on1ミーティングを行うというリスク対策を講じることにしたとする。この際の、チェックポイントは次のように整理できる。

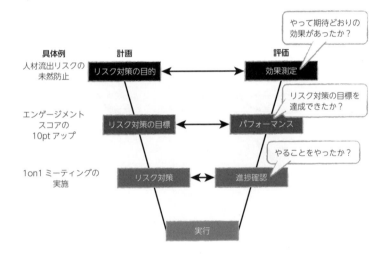

分かりやすい！　ただし、考えるの難しくないですか？　たとえば「サイバー攻撃のリスク対策として、新たにセキュリティ装置を入れました。さて、期待どおりの効果を発揮しているでしょうか？」って聞かれても…。僕なら答えに窮しちゃいます。

はるき同様に、ほかのみんなも、難しいと思うから「やることをやったか？」といった進捗確認だけで終わってしまうのかもね。

いきなり最初から背伸びをする必要はない。**スモールスタートのつもりで、まずはリスク対策を実行する当事者に「やってみて、期待どおりの効果があったか？」を単刀直入に聞いてみることから始める**といい。

当事者にただ率直な感想を聞くだけってことですか？ 極めて主観的な評価になるので、効率的ではあっても効果的な評価とは言えないんじゃないでしょうか？

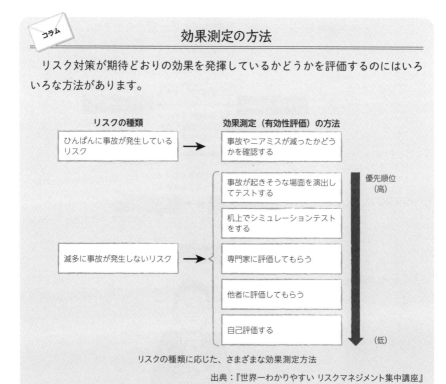

効果測定の方法

リスク対策が期待どおりの効果を発揮しているかどうかを評価するのにはいろいろな方法があります。

リスクの種類に応じた、さまざまな効果測定方法

出典：『世界一わかりやすい リスクマネジメント集中講座』

その可能性もある。ただ意外に有効なんだよ。その対策が意味をなしているのかいないのか、あるいは皆目見当が付いていないのか、当事者は意外に分かっているものだ。

ですが「自信があります！」っていう答えが返ってきたからといって、その言葉をそのまま鵜呑みにはできませんよね？「自分を客観視できてない人ほど自己評価が甘くなる」とも言うじゃないですか？

それもそのとおりだ。だからその**自信の根拠がどこにあるのかも聞くといいだろう**。「どうしてそう思うのか？」と。その答えが「何となくです」ならば信憑性に欠けるだろうし、「装置導入後の侵入検知テストのスコアが平均10pt上がっています」など、客観的なデータや論拠を出してきたら信憑性があると言えるだろう。

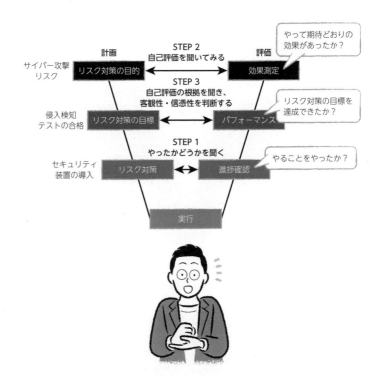

そうか。その信憑性の高さに合わせて差し引いて評価すればいいというわけだ。それならばできそうです。

この方法だって完璧な評価だとは言わない。しかし、リスク対策の進捗状況だけを確認しているよりはるかにマシだし、かかる工数と得られるメリットを考えれば十分にやる価値はあると言えるだろう。慣れてきたら、より掘り下げた活動にしていくといいだろう。

はい！　早速やってみようと思います。

📖 講義ノートまとめ

効果的なリスク対策を打つ際のよくある落とし穴は何か？

- □ リスクマネジメントは対応すべきリスクを特定してからが本当の勝負なのに、実際はおざなりな活動になってしまっていること

どうしてそういう落とし穴にハマるのか？

- □ 対応すべきリスクを決めることができたのだから、「あとは担当者レベルで対応できるでしょ、任せた」となりがちだから
- □ 「リスク対策の評価＝進捗状況の確認」って思い違いをしている人が多いから

息を吸うように効果的なリスク対策を打つコツは何か？

- □ 次のステップを踏むことを習慣化すること
    - ・ステップ①「やることをやったか」を聞く
    - ・ステップ②「やって期待どおりの効果があったか？」を聞く
    - ・ステップ③ 自己評価の根拠を聞き、客観性・信憑性を判断する

息を吸うように有事対応力を身に付けるには？

先生は未然防止だけでなく、「万が一」にも時間を割いておこう！とおっしゃいますよね。息を吸うようなBCPや危機管理は可能なんでしょうか？

もちろんさ。そのためには改めて大前提を押さえておく必要がある。**「万が一のための行動計画の実効性は、検証や訓練なくして成り立たない」**という大前提だ。

はい。

実は、息を吸うようなBCPや危機管理を実現するヒントはそこにある。**考えるべきは「最も効果的・効率的に検証や訓練を行う必要は何であるか？」**だ。

えぇ、どうやるんだろう…。

それは**BCPや危機管理を実際に実行する当事者が、行動計画書の作成過程にしっかりと参加すること**だ。ここで言う当事者とは、たとえば以下の人たちを指す。

行動計画の種類	巻き込むことが望ましい関係者 (一般的な例)
緊急時対応計画（ERP）：命を守るための行動計画	・被災直後に指揮を執る可能性がある関係者（例：避難誘導班、救護班、二次被害防止班、情報収集班を編成する関係者） ・避難行動や安否報告をする必要があるすべての社員
危機管理計画（CMP）：有事の指揮命令系統を確立する行動計画	・危機対策本部チームを編成する可能性のある関係者（例：経営陣、連絡班や取引先被害状況収集班、ITシステム班等を編成する関係者等）
事業継続計画（狭義のBCP）：代替手段や復旧作業を通じた事業を継続・再開するための行動計画	・重要な業務や事業を継続するために稼働の可能性がある要員 ・事業復旧のために稼働の可能性がある要員

えぇ！　非効率では？　行動計画書は、総務部などの文書作成が比較的得意な部門の人に作ってもらってから、それを叩き台として、関係者が集まって議論するほうが効率的ではないでしょうか？

行動計画書の作成を誰かが肩代わりする方法は、文書作成が目的なら確かに効率的だが、身に付けることを目的に考えた場合、最も有効性の低い方法だ。なぜなら、**行動計画書の作成過程に関与すること自体が、検証や訓練そのものと同じ以上の効果を発揮する**からだ。

誰かに文書を作ってもらったあとに、教育や訓練をすれば十分ではないですか？

人が作ったものを頭に叩き込むのはなかなか骨の折れることだよ。むしろ、**作成過程で当事者に頭をフル動かしてもらう行為のほうが、訓練並みに、いやそれ以上の効果が期待できる**だろう。思考訓練だし、自分ごとにもなるし、いいことづくしだ。

確かに…。

そういえば、第二次世界大戦中、連合国軍欧州司令官であり米国大統領だったアイゼンハワー氏は、次のように述べたそうだ。

> 「戦いの準備をする際、私は、常に計画は無用だが、計画作りは不可欠だということを発見してきた」
>
> （ドワイト・D・アイゼンハワー）

これは**行動計画書、すなわち文書そのものは有事にあまり役立たない**が、思考訓練にもなり得る計画の策定過程こそが重要であるということを示した発言だよね。

私の考えは、息を吸うようなBCP・危機管理を実現する行為と真反対のものだったのね。目が覚めました。

ただ、BCPや危機管理の策定過程に携わりさえすれば万事完了ではない。訓練は相変わらず必要だ。だから、**もっと気軽にできる訓練を増やすことも意識すべきだ**。

年1回の訓練ですらおぼつかないのに、増やすなんて時間を取られすぎて、現実的ではないのでは？

年1回の訓練！　ってみんな当たり前のように言うけれど、年に1回行う伝統行事のような活動ってどこまで意味があると思う？「この伝統を後世まで語り継ごう」といった趣旨ならばいいだろうけれど、「いざというときに動けるようにしておこう」という趣旨ならば、ちょっと心許ないよね。

確かに…。

以前、私がいた会社では、経理部長が動けなくなった際に私が給与支払処理をするというBCPだったんだ。四半期に1回の訓練だったが、都度、パスワードや電子証明書の有効期限切れとか、パソコンを変えたのでダメだとか、問題が見つかってね。自信を持って対応できるようになるまでに数年かかったよ。本当の話さ。

「何かを身に付ける」という行為は、そんなに甘くはないぞってことですよね。

大きい訓練を年に何回もやれと言っているわけじゃないんだ。**組織の都合に合わせて、訓練のベストミックスを考えればいいのさ**。時間を取れるのなら大きめの訓練を年に数回やればいいし、そんなに時間が取れない組織なら、小中規模の訓練を四半期に1回やるとか。やり方はいくらでもある。

小中規模の訓練ってどんなものですか？

たとえば、月例の部長会議の冒頭15分で「たった今、地震でxxxが被災したようです。どうしますか？」という討議型の簡易訓練をやることかな。毎月末、全社員BCPクイズをするのだって一種の小規模訓練だ。安否確認システムを本来の用途ではない通常の従業員アンケートに転用するなどもありだよね。システム操作に慣れてもらうトレーニングにつながるよね。

息を吸うように有事対応力を身に付けるには？　189

そういうやり方があるんですね。

ごくごく普段の業務活動の中に、**「万が一への対応」訓練を溶け込ませる工夫はいくらだってできる**んだ。それこそがまさに息を吸うようなBCPや危機管理だ。

勉強になりました！

📖 講義ノートまとめ

万が一の備えであるBCPや危機管理の実効性を担保するカギは？

☐ 検証や訓練を通じて、当事者の頭の中に考え方や重要な行動ルールを刷り込ませること

息を吸うように実効性あるBCPや危機管理活動を実現するには？

☐ もっと気軽にできる訓練を増やすこと。組織の都合に合わせて、訓練のベストミックスを考えることが大事

☐ 無線電話を普段の会議に流用するなど、「万が一への対応」訓練を平時の活動の中に溶け込ませる工夫をすること

コラム 有事のための活動を平時の活動の中に無理なく取り込む具体例

以下は、息を吸うようなBCP・危機管理実践の具体例です。

● 週次

- 毎週月曜日全社員に1問確認テストを、安否確認システムを使って飛ばす
- 毎週1回、ITサービスのOSや仮想サーバ、ネットワーク装置等の冗長化テストを行う

● 月次／隔月次

- 月例部門横断会議で隔月に1回、冒頭15分を災害シミュレーション訓練に使う

● 四半期ごと

- 安否確認テストを実施する
- 月1回、チーム全員が会社に出社してメンバーとともに昼食をとるチームランチデーを設けているが、そのタイミングで四半期に1回、備蓄品の中から好きなものを1つ選んで食べて感想を言い合う（感想は社内掲示板に投稿して全社共有する）
- 年1回、「健康促進 × BCP（徒歩帰宅訓練）」という名目で2駅スキップ出社／帰宅チャレンジ月間を設ける
- 四半期に1回開催するリスクマネジメント委員会では、原則、オンライン参加者は非常用の衛星電話を使って参加する

● 半期ごと／年次

- 半期ごと年2回全社横断の訓練を行う。うち1回は必ず地震災害訓練を行い、もう1回はその年のトレンドリスクをテーマに訓練を行う。前半は経営者なども交えて組織全体で連携して行い、後半は部門や各拠点で独立して自分たちが決めた課題（訓練・演習や教育・研修）を行う
- 年末には面白い訓練・演習を実施した組織を表彰し、その成果を全社に共有する

息を吸うようにリスクマネジメントのPDCAをまわすには？

息を吸うようにリスクマネジメントのPDCAをまわす方法について講義をしていこう。

リスクマネジメントのPDCAをまわすとは、どういう意味ですか？

リスクマネジメントは目的・目標達成をアシストするのであって、達成を保証するものではない。リスクがすり抜けるかもしれないし、リスク対策が失敗に終わるかもしれない。**トライアルアンドエラーを繰り返しながらリスクマネジメントのやり方を改善し、効果の向上を図っていくことが大切**だ。

継続的改善ってやつですね。

はるき君が所属する営業部門の事例を使って学習していこう。聞くが、営業部ではどんな目的・目標に対するリスクマネジメントをやっているんだっけ？

営業部門の至上命令は、売上目標の達成です。

暗黙知でも構わないが、その目標達成の前提条件のようなものがなかったかい？　たとえばコンプライアンスは当然守るなど…。

はい。その点でいうと、年初に立てる重点施策を100%やり切ることと、安易な安売りなど会社の信用を失うような売り方をしないとか、などのようなことはみんな意識していたと思います。

他にもあっただろうが、その情報を基に整理すると、営業部のリスクマネジメントはこんな感じになるかな。ところで、期末に結果の振り返りはしたのかい？ どんな振り返りだい？

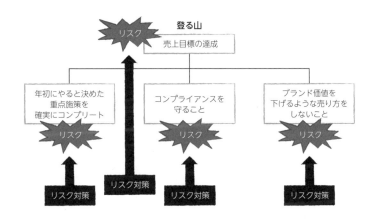

はい。事故があったか・なかったとか…。そんな振り返りをやりました。リスク対策はちゃんとやっていたし、コンプライアンス違反や顧客クレームもなかったので問題なし、と。思えば、毎年、そんな感じですね。

一般的な振り返りですよね。やり方に特に大きな問題はなさそうですが。

 聞くが、その結果、営業部門はその年の目的や目標は達成できたのかい？

 いえ。売上がちょっと及びませんでした。優秀な営業担当の1人が突然辞めたのが大きな要因だと思っています。年初にやると決めてあった重点施策の実施が一部中途半端になってしまったんです。

 人が辞めるリスクを事前に認識するのは難しかった？

 いや。思えば、毎年、数人は辞めるんですよね。なのに誰も辞めない前提でプランを立てていました。そういえばなぜ、そのリスクの考慮が抜けていたんだろう…。

 もう1つ。「目標にちょっと及ばなかった」ってことは、ほとんどはうまくいったということだよね。うまくいったことに貢献したリスク対策はなかったかい？

 あります。大規模商談の3件すべてが取れたら、目標の7割を達成できる見込みでした。でも不確実性があると思い、勝率を3割程度と想定して戦略を考えたんです。実際にそのとおりになったのでこの動きは正解でした。

不確実性のコントロールだなんてリスクマネジメント様々ね。先生の聞き出し方がうまいせいか、どんどんいろいろな気付きが得られますね。

本当だ！　僕らが普段やっている振り返りと何が違ったんだろう？

少し目線を変えたんだ。はるき君たちの振り返りはどちらかというと、**足元に目線を向けた振り返り**になってしまっている。「落とし穴に落ちなかったかな？　落ちなかったね。だったらOKだね」という振り返りだ。言うなれば**後ろ向きの振り返り**だ。

後ろ向き…。

そうではなく、**上方に目線を向けた振り返りをすることも大事**なんだ。「山頂に登れたかな？　なぜ登れたんだろう？　どうして登れなかったんだろう？」という振り返りだ。これは言うなれば**前向きな振り返り**だ。

前向きな振り返りができると、リスクマネジメントのPDCAがまわりやすくなるということでしょうか？

そう。**前向きな振り返りが馴染んでくれば息を吸うようにリスクマネジメントのPDCAがまわる**ようにもなる。こうなると翌年度の目的・目標達成のためにまた仕事にハリが出るだろうしね。

リスクマネジメントって、リスク洗い出しが弱いとか、リスク感度が低いとか、すぐにそんなことばかり考えがちだけど、もっと根本的なところで改善の余地があるんですね。

 目から鱗です。

 分かってくれたかな。ぜひ実践してみてくれ。

講義ノートまとめ

なぜ、息を吸うようにリスクマネジメントのPDCAを回す必要があるのか？

☐ リスクマネジメントは目的・目標達成をアシストしてくれるだけであって、達成を保証してくれるものではなく、リスクマネジメントの成功や失敗から学ぶ必要があるから

前向きな振り返りとは何？

☐ 「山頂を目指す中で落とし穴に落ちなかったかな？」というようなリスクが顕在化したかどうかを軸にした振り返り

☐ 「目指していた山に登れたかな？　なぜ登れたのかな？　どうして登れなかったのかな？」というような目的・目標達成を軸にした振り返り

5 時間目

部門ごと・役割者ごとの リスクマネジメント お悩み解決 Q&A

「リスクマネジメントは1日にして成らず」。自分が置かれている立場や状況によって、何をすべきか、どう立ち回るべきか、疑問を抱くことも多いと思います。ここでは、部門別・役割別にリスクマネジメントにまつわるお悩みを解決していきます。

リスクマネジメント／危機管理部門の実践術

ここからはＱ＆Ａコーナーです。社内外のさまざまな立場の人たちがリスクマネジメントについて、もっと知りたがっています。事前に質問を聞いて集めておりますので、私たちが代表して先生に質問をお聞きしたいと思います。

人の悩みを聞けるなんて、面白そう！　自分の勉強にもなりそう。

どんときたまえ。

Q1　全社的リスクマネジメント（ERM）とは何か？

> **質問**
> 私はリスクマネジメント部に所属する者です。全社的リスクマネジメント（ERM）の事務局の役割を担うと言われています。改めてERMとは何でしょうか？

僕も改めてERMについて勉強できると嬉しいです。

ERMとは、会社全体に導入するリスクマネジメントの仕組みのことだ。仕組みを入れずとも、個々人がリスクマネジメントをやってくれるかもしれないが、ほら…**組織において無意識のリスクマネジメントには限界がある**という話になったよね。

「価値観が異なるもの同士、コミュニケーションを取らなきゃ伝わらないことがたくさんある」からでしたよね。

そうだ。そして、何よりもリスクマネジメントに関する取り組みを企業の裁量に委ねてきた結果、活動がおざなりになり、企業価値を毀損するような大事故や不祥事を起こす企業が少なくなかったんだ。

ということは、リスクマネジメントをやる・やらないは、企業判断ではないということですか？

そうだ。特に大会社[*1]や上場している企業にとって、「やらない」という選択肢はない。

知らなかったわ。法律は、具体的に「ここまでやりなさい」と明示しているんですか？

明示はしていない。ただ、組織に設ける仕組みである以上、リスクマネジメントに対して組織の誰がどのような責任を負うのか、どんな仕組みで運用するのか、はっきりさせるべきだということは言わずもがなさ。

まぁ、それはそうですよね。

言い換えれば、ERMといわれて必要になる要素は、これまでに学習してきた未然防止や事故対応・再発防止、BCP・危機管理といったプロセス…。そして、これらのプロセスを確実・効果的・効率的に運営するための方針や体制、役割・責任といった全体の枠組みを指すと思ってもらってもいい。ちなみに、こうした枠組みのことをリスクガバナンスとも呼ぶ。

---

*1 大会社は、資本金が5億円以上または負債総額が200億円以上の会社のことを指す

リスクマネジメント／危機管理部門の実践術

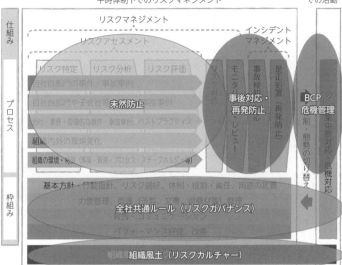

ニュートン・コンサルティング社のERMフレームワーク

なるほど！　ところで、先生。リスクガバナンスって言葉ははじめて聞いた気がします。

ガバナンスは統治とも訳す。「国をどう治めるか」とはよく言ったものだが「**組織におけるリスクマネジメントの活動をどう治めるか**」を指す。どういう方針に基づいて運用するか、体制をどうするか、誰がどこで何の最終承認をするかとか。具体的には以下の項目は押さえておきたいところだ。

- リスクマネジメントにおいて何を大切にしたいか？
- リスクマネジメントの運営体制や役割・責任をどうするか？
- リスクアセスメントやリスク対応、モニタリングなどをどのような設計にするか？
- リスクコミュニケーションをどうするか？
- リスクマネジメントの教育をどうするか？
- 成果をどのように測定・評価し、改善につなげるか？

企業全体でリスクマネジメントの取り組みを推進しようとなると、確かにいろいろな決め事が必要ですね。

リスクマネジメントの国際規格ISO31000が求めるリスクガバナンスとは

リスクマネジメントの著名な国際規格の1つにISO31000（リスクマネジメント - 指針）があります。同規格ではリスクガバナンスという言葉を使わずに「枠組み」という言葉を使って、押さえるべき項目について記載しています。

ISO31000によれば「枠組み」に求める項目として、「5.4.2 リスクマネジメントに関するコミットメントの明示」にて次のような項目を列挙しています。

- 組織がリスクのマネジメントを行う意図、ならびにその目的及びその他の方針とのつながり
- リスクマネジメントを組織全体の文化に統合する必要性を強めること
- リスクマネジメントと中核的事業活動及び意思決定との統合を主導すること
- 権限、責任及びアカウンタビリティ
- 必要な資源を利用可能にすること
- 相反する目的への対処の仕方
- 組織のパフォーマンス指標の中での測定及び報告

出典：ISO31000（リスクマネジメント - 指針）:2018の5.4.2より

上記に加えて、「5.4.4 資源の配分」にて「人員、技能、経験及び力量や文書化されたプロセスや手順」を、「5.4.5 コミュニケーション及び協議の確立」にて、「組織に関わりあるステークホルダーとのコミュニケーション及び協議の方法や内容について定めること」を求めています。

ただ、企業のリスクとなると、たくさんありますよね。私が担当するようなプロジェクト目線のリスクもあれば、はるきが所属する営業部目線のリスクもあるし、事業本部目線のリスクもあります。

リスクマネジメント／危機管理部門の実践術 201

- プロジェクトごとのリスクマネジメント
  - 基幹システム導入プロジェクトリスクマネジメント
  - …
- 特定のトピックごとのリスクマネジメント
  - 品質リスクマネジメント
  - 情報セキュリティリスクマネジメント
  - 環境リスクマネジメント
  - …
- 組織ごとのリスクマネジメント
  - 全社的リスクマネジメント（ERM）
  - 事業リスクマネジメント
  - 部署リスクマネジメント
  - …

そうだ。それらのリスクの何を、誰がどこまでどうやって拾えば、企業として重要視する「登る山」を制覇できるのかを考えなければいけない。たとえば、以下は組織におけるリスクマネジメントの実施状況を整理した例だ。

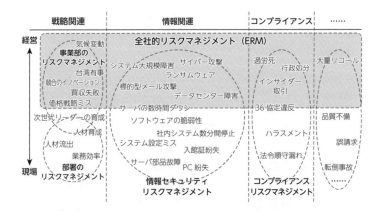

こうやって見ると頭が整理されますね。ERMというものがどこの範囲をカバーするための活動なのか、よりはっきり見えてきます。

 よろしい！

コラム 全社的リスクマネジメント

　全社的リスクマネジメントは、Enterprise Risk Management（ERM）とも称されます。これは、会社が掲げる目的・目標の達成確度向上を狙いとして、経営に影響を与えるリスクを効果的・効率的にマネジメントする活動や仕組み、組織の能力のことを言います。

　なお、会社が掲げる目的・目標は会社が決めるものですが、典型的な目的としては、戦略の実現、業務の効率性・有効性の向上、コンプライアンス、財務報告の信頼性の確保などを挙げることができます。

　また、全社的リスクマネジメントは、プロセスと全社共通ルール、ならびにリスクガバナンス・リスクカルチャーの4要素から構成されます。プロセスには3つのサブプロセスが存在し、未然防止を目的とした狭義のリスクマネジメントと、事故やトラブルが発生したときに被害を最小化し将来のための学習につなげる事故対応及び再発防止、地震やサイバー攻撃などいわゆる有事が発生した際に被害を最小化し、事態をコントロールするBCP・危機管理がこれに該当します。

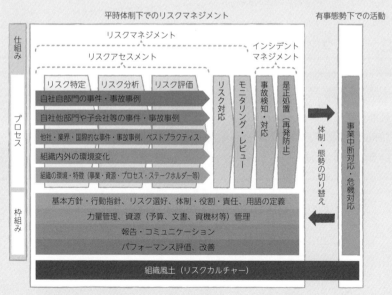

全社的リスクマネジメント（ERM）フレームワーク

リスクマネジメント／危機管理部門の実践術　203

それらの目的を実現するリスクアセスメントのアプローチには、各現場が認識する重大リスクを吸い上げ、そこから会社としての重大リスクを決定し管理する、いわゆるボトムアップアプローチと、経営が中心となって会社の重大リスクを決定し管理するトップダウンアプローチ、その両方を行うハイブリッドアプローチが存在します。

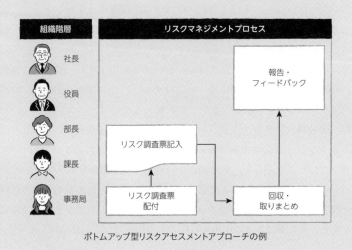

ボトムアップ型リスクアセスメントアプローチの例

Q2　リスクマネジメント部門は何をすればいいのか？

> **質問**
>
> 私はリスクマネジメント部に所属する者です。全社的リスクマネジメント（ERM）の事務局的役割を担う場合、一般的に何をすることを期待されているのでしょうか？

 ズバリ、いきなり答えると次のような感じになるかな。

リスクマネジメント部の主な役割

● **関係者が役割・責任を果たせるようにするための各種サポート**
- トップマネジメントとの対話を通じたERM年間目標や活動方針の設定
- ERM年間目標や活動方針に基づく年間運用計画の策定
- リスクマネジメント委員会の運営
- リスクマネジメントに関する重要な決定事項の周知・開示
  - ・社内関係者への周知
  - ・投資家への情報開示のための取りまとめ
- リスクマネジメント運営に必要な要員の力量管理
- ERMに関する活動全体の評価と改善に向けた枠組みの見直し

● **プロセスの推進**
- リスクマネジメントプロセス実行の推進サポート
  - ・リスクマネジメントの実行準備
  - ・リスクマネジメントの実行者・組織に対する助言・サポート
  - ・リスクマネジメントの実施結果の取りまとめ
  - ・リスクマネジメントの実施結果のリスクマネジメント委員会への報告
- 事故対応・再発防止プロセスの推進サポート
- BCP・危機管理の推進サポート

なお、事故対応・再発防止プロセスやBCP・危機管理の推進サポートについては、ケースバイケースだ。たとえば事故対応・再発防止プロセスは、人事系の事故なら人事部に、品質系の事故なら品質保証部に、BCP・危機管理なら危機管理部に、対応の事務局を任せる組織もある。

そもそも、こうしたERMの仕組みがまだない企業の場合はどうするんですか？

ERMの仕組みがないなら作らなければいけない。仕組みを作る場合は、それをリスクマネジメント部が担うにせよ、そうでないにせよ、誰かが以下のようなタスクをこなさなければいけない。

ERMの仕組み作りに必要な活動

- リスクガバナンスの設計
- リスクマネジメント方針と規程の制定
- リスクマネジメント方針と規程に基づく体制整備
- リスクマネジメントプロセスの設計
- リスクマネジメントプロセスの実施手順及びツールへの落とし込み

先生は「リスクマネジメント部が担うにせよ」とおっしゃいましたが、つまりリスクマネジメント部が仕組みを必ずしも作らなくてもいいということですか？　その場合は誰が作るんですか？

必ずしもリスクマネジメント部である必要はない。まぁ、もちろん**運用の中心になることを期待されている部が構築に関わったほうがスムーズ**だろうけどね。ただ、リスクマネジメント部に所属する人たちが必ずしも、最初から必要な知識を持っているとは限らないからね。

では、誰がそこを補うんですか？

外部の専門家、つまりリスクマネジメントコンサルタントか、または内部監査部門が担うことも少なくない。内部監査部門は、業務として常日頃から会社のリスクがどこにあるかを考えている組織だから、リスクマネジメントには割と精通しているほうなんだ。

客観性を持って監査するべき立場の人が、会社の業務ルール作りに携わっても問題ないんですか？

問題はないよ。整備に携わるのであって、運用に携わるわけじゃないからね。仮に運用に携わったとしても、その人が監査をしないよう注意を払えばいい。

理解しました！

Q3　リスクマネジメント委員会はどう設計したらいいのか？

> **質問**
> 私はリスクマネジメント部に所属しています。リスクマネジメント委員会を設けるべきかどうか、設ける場合はどういう形にすべきか悩んでいます。

ERMの導入イコール、リスクマネジメント委員会の設置というイメージがありますけれど、実際はどうなんでしょうか？

必須ではないが、実際は設置している企業が多いだろうね。経営会議のような既存の会議体だけで、リスクマネジメントをカバーするには不十分と考えたりするんだろうね。

どんな不足が考えられるんでしょうか？

たとえば、既存の経営会議でリスクの議論をするにはメンバーが足りないとか、あるいは議論をするには時間が足りないとか…。

では、自分の会社に合った会議体とはどんな形か、どう考えればいいんですか？

その**会議体に何を求めるか**だ。経営陣に対しての「相談役」のような役割を求めるのか、リスクマネジメントに関する事実上の「意思決定」機関的役割を求めるのか、とか。

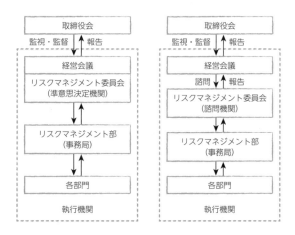

それぞれにきっと長所・短所があるんですよね？

意思決定スピードを考えれば、リスクマネジメント委員会のような別の会議体を作らず、既存の経営会議などで話し合えるのがいい。ただ、リスクの話をするなら経営会議メンバーに入っていない人にも入ってもらったほうがいいとか、経営会議だけだと時間が足りなくなるという場合には、別途立ち上げたほうがいいかもしれない。

図には諮問機関という言葉が書かれていますが、これはどういう位置付けを意味するものですか？

相談役のようなものだ。特に組織が大きくなってくると、経営陣が必ずしも現場のことに精通しているわけではない。より現場のことが分かるメンバーを集めて、リスクについて議論をする必要が出てくる。そうしたメンバー中心に集めたリスクマネジメント委員会を組成し、企業にとって何が重大なリスクなのか、重大なリスクにどう対応するのかなどについて話し合いを行ってもらうわけだ。

そこで煮詰められた内容について、経営会議のような場で、最終意思決定を行うというわけですね。

そういうことだ。ちなみに取締役会の諮問機関として、リスクマネジメント委員会を設置する場合もある。この場合は、経営がリスクマネジメントを適切に行っているのかという点に対する取締役会の監視・監督がより強く働くことになる。日本ではこの形はあまり多くないかな。

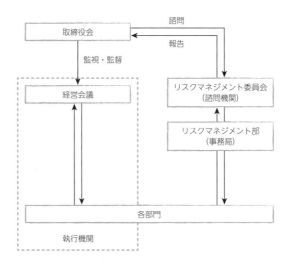

リスクマネジメント委員会って闇雲に設置すればいいというものではないんですね。

改めて勉強になりました。

Q4 リスクマネジメント委員会はどうやったら盛り上がるのか?

> **質問**
> 私はリスクマネジメント部に所属しています。リスクマネジメント委員会がいまいち盛り上がりに欠けています。どうしたらいいでしょうか?

これはよく聞く悩みだね。リスクマネジメント委員会みたいなものを設置すれば、物事を推進しやすくなると考えて、早々に設置してみたものの、いざ運営を始めると何を議論すればいいか分からなくなってしまう、みたいな。

形を先に整えたが、中身が薄いのでどうしましょうということですね。

リスクマネジメント委員会の位置付けや参加者が誰かにもよるので一概には言えないが、たいていの場合、盛り上がらない理由は以下の点に集約される。

- 意識の問題
    - 委員会の活動目的がぼんやりしている
    - 委員が自らに期待されている役割・責任を必ずしも正しく理解できていない
- 内容の問題
    - 委員が議論されている内容にあまり興味をもてていない
    - 重要な関心事ではない
- 進め方の問題
    - 内容は妥当だが、委員会の時間の使い方や報告の仕方、進め方が悪い

どうしたらいいんでしょうか?

解決策は無数にあるが、あえて重要な改善策を1つ提示するとすれば、**会社で打ち立てたERMの目的や方針、行動指針や目標に着目すること**をおすすめする。

ERMの目的	企業価値の維持・向上
ERMの行動指針	・バッドニュースファーストを徹底する ・……省略…… ・……省略…… ・危機発生による被害を最小限に留め、早期回復を図る ・継続的改善を図る

なぜですか？

結局、**話す内容に深みが出ないのは、辿り着きたいゴールが見えないから**だ。2人も、どこに行きたいのか、どこに向かっているのか分からないときに「意見をください」と言われても困るだろう？

ERMにも同じことが起きてしまっているということですか？

そうだ。ERMの仕組みを構築する際に、何となくといった感じでリスクマネジメントの目的や方針を決めている組織も多い。その目的や方針に合わせて、自分たちが行動できているかどうかなんて気にも留めない。そもそも、どんな方針だったのかを覚えてすらいない、なんてこともある。

ですが、目的や方針ってそもそも抽象的なものですよね？　たとえば「企業価値を維持するためにリスクマネジメントを行う」みたいな…。そこを意識したところで何か変わるでしょうか？

逆に聞こう。今聞いてくれた「企業価値を維持するためのリスクマネジメント」って、すなわち何ができているとそれを満たせたことになると思う？

えぇっと…。パッと出てこないですね。

リスクマネジメント／危機管理部門の実践術　211

もし、言語化ができないのなら、つまり、目的や方針が抽象的すぎて進むべき方向性がイメージできないのならば、もっと具体化させる必要があるだろうね。

仮にそうやって目的や方針、目標が明確になったとします。それがどうやってリスクマネジメント委員会の盛り上がりに貢献できるんですか？

たとえば、ERMの行動指針の1つに「バッドニュースファースト[*2]を徹底する」があったとしよう。これ1つをとっても、確認すべき事項はたくさん出てくるよね？

バッドニュースファーストができているか…、とか？

たとえば私なら以下のようなことを突っ込むね。

- 何が満たせたらバッドニュースファーストを実現できたと言えるのか？
- 今、想定している計画を実行したらバッドニュースファーストを実現できるということか？
- 現状、上がってきているリスク情報や事故情報は、期待するスピード感を満たせているのか？
- そうじゃないとしたら何が課題なのか？　どうする予定なのか？

確かに…。こういう考え方をすると、目的や方針などが形式的なものにならずに済みますね。

＊2　悪いことほど早く、隠さずにみんなに伝える姿勢のこと

実際のところ、自分たちの頭で考えて方針を作っていない企業も少なくないだろうから、そういう企業にとっては見直しをする良いきっかけだと思ってほしいかな。

Q5　トップマネジメントの上手な巻き込み方とは？

> **質問**
> 当社は大企業です。昨今の法的な要請もあり、より体系的にリスクマネジメントを実践しなければならないと感じています。管理部門がしっかりしているせいか、何事も現場主導で整備が進む傾向が強く、リスクマネジメントに対しても社長は"良きに計らえ"という姿勢で、それ以上の明確なダイレクションは出ていません。どのように巻き込むのがいいでしょうか。

「何事も現場主導で整備が進む傾向が強く」というのは1つの論点だね。日本では現場主義という考えが重要視される傾向にあるしね。

現場主義という言葉尻を捉えるなら、リスクマネジメントも現場が主導でやればいいだけの話じゃないのでしょうか？　それでもトップマネジメントが何かしら関与すべきなのですか？

うん。「**現場主義＝経営が何の意思も示さず現場が持ってくる案を待っていればいい**」ということではないからね。それに**リスクマネジメントは、どこまでリスクを冒す覚悟なのかなど、経営戦略そのもの**だ。その一番大事な部分を現場に任せることは、経営者としての責任を放棄していることになる。

納得です。では具体的にトップマネジメントにはどんな意思表明をしてもらうのがいいのでしょうか？

どこまでリスクをとるのかとらないのか。絶対にとらないリスクは何か。組織にどういうアクセルやブレーキを装着したいのか。仕組み作りで絶対に避けたいことは何か、とか。あとはできれば、1年の最後にどういう視点で活動の成果や課題を振り返りたいか、とかかな。

1. こんなリスクは絶対にとりたくない！
2. こういう仕組みを入れるのはごめんだ！
3. 現場にはこういうことを期待する！
4. …省略…

社長によっては「リスクマネジメントについては全部、他の役員に任せてあるからそっちに聞いてくれ」というケースはないんでしょうか？

あるよ。それが社長の意思ならば尊重すればいい。ただ、リスクマネジメントの方向性について、もしかしたら社長とその役員との間で会話ができていない可能性もある。

それはどう対応したらいいんでしょうか？

こんなことを聞きたいと思っているんですが…と具体的な質問を社長にぶつけてみて判断するのがいいだろう。「それだったら、私とCRO[*3]の2人でインタビューを受けるよ」となるかもしれない。

逆に、社長自身が「何で自分がリスクマネジメントの方針を示さなければいけないんだ？ 自分の仕事は経営であって、リスクをどうするかは現場で適宜判断すればいいだろう？」となりませんか？

リスクをどこまでどうしたいかは、社長が目指す山にどれだけ登りたいかに依存するからね。ただ「登りたいんだ」だけでは不十分で、その想いをある程度、言語化して伝えないとね。

どうしたらいいんでしょうか？

＊3　Chief Risk Officer（最高リスク管理責任者）の略称

せっかくだから、世の中の成功・失敗事例などを踏まえた経営層向けのリスクマネジメント勉強会をやるのも手だろう。他社事例を踏まえながら、我が社はどうかといった議論が、主要関係者の間でできると一石二鳥だよね。

経営層向けリスクマネジメント研修

- リスク及びリスクマネジメントとは
- リスクマネジメントの意義
- リスクマネジメントの法的要求事項
- 経営と取締役の責任
- リスクマネジメントの成功事例と失敗事例
- 成功させるためのリーダーシップ

なるほど。

主要な関係者とは、誰のことでしょうか？

ERMは経営の目的・目標を達成するためのリスクマネジメントなのだから、その達成責任を担う人たちと、それを監視・監督する立場にある人たちのことだ。具体的には、経営の執行を担う執行役員や取締役のことだ。

納得。

あとは、やはり**社長と話す際にカタカナや専門用語を使うのは避けたほうがいい**だろう。私ですら「リスクマネジメントをどうしたいですか？」って聞かれたら、正直、面食らうよ。それよりは「これが起きたら会社が明日潰れると思われることは何ですか？」とか聞かれたほうが答えやすい。

理解しました！

リスクマネジメント／危機管理部門の実践術

Q6　どういうリスクマネジメント教育を行えばいいのか？

> **質問**
> 会社全体で、適切なリスクマネジメントのスキルを身に付けたいと思っています。どんな教育を行えばいいのでしょうか？

いい質問だね。リスクマネジメントは勉強しなくても直感でできそうと思われがちだからね。だが、組織のリスクマネジメントほど落とし穴のあるものはない。だから、基本的な勉強だけは絶対にしておいたほうがいい。

どこの企業でもリスクマネジメント研修は当たり前にやっていそうなイメージがありますが…。

それがそうでもないんだよ。コンプライアンス研修とか、情報セキュリティ研修のようにトピックがはっきりしたものに対して行われていることは多いだろうがね。

そうなんですね。

仮にやっていたとしても、その会社が定めたリスクマネジメントの手続き論に終始する勉強会であって、何のためのリスクアセスメントなのかとか、どういう手法があるのかとか、落とし穴や勘どころは何かとか、本質的な研修をやっていないほうが多いだろうね。

組織の中でも、特にリスクアセスメントを行う可能性のある人に対してだけ、教育をすればいいんでしょうか？

 持っておくべき知識や技術に違いはあるだろうが、ビジネスパーソンなら誰しもリスクと無縁ではいられないから、社員全員がいいだろう。各立場で知っておいたほうがいい知識・技術があるからね。

 一般社員でも？

 そうだ。誰でもリスクを認識したら、いち早く報告するという大事な役割を担っているからね。

 誰にどんな知識・技術を持っておいてもらうべきでしょうか？

 大きく経営者とマネージャー、一般社員に分けて考えてみると次のようにまとめることができるかな。

対象者	求められる能力	教育・研修カバー項目例
経営者	・リスクマネジメント方針を示すことができる ・リスクガバナンスの考え方や意義を説明できる ・リスクカルチャーの醸成ができる ・リスクマネジメント方針に基づいた意思決定ができる ・リスクオーナーとなっているリスクに対してリスクマネジメント方針を示し、プロセスを監視し、結果を評価することができる ・サステナビリティや内部統制、ERMの意義を理解し説明できる ・自らの管掌範囲において、とっているリスクを理解し説明できる	・リスク及びリスクマネジメントとは ・リスクカルチャーとリスクガバナンスとは ・リスクマネジメントの意義 ・リスクマネジメントの法的要求事項 ・経営者と取締役の責任 ・リスクマネジメントの成功事例と失敗事例 ・有事対応の成功事例と失敗事例 ・成功させるためのリーダーシップ

リスクマネジメント／危機管理部門の実践術　217

対象者	求められる能力	教育・研修カバー項目例
マネージャー	・リスクガバナンスの考え方や意義を説明できる ・経営が分かる言葉でリスクを経営に示すことができる ・適切なリスクアセスメント手法を選ぶことができる ・リスク特定ができ、そのリスクを適切に言語化できる ・影響度や発生可能性を理解し、適切なリスク分析ができる ・リスク基準を理解し、適切なリスク評価ができる ・リスク対策計画の策定ができる ・リスク対策計画の実施及びチーム内のリスク意識向上を図ることができる ・リスク対策計画のモニタリングができる ・リスクや事故のタイムリーな報告ができる	・リスク及びリスクマネジメントとは ・リスクマネジメントの意義や法的要求事項 ・リスクマネジメントの成功事例と失敗事例 ・有事対応の成功事例と失敗事例 ・成功させるためのリーダーシップ ・リスクマネジメントプロセス ・プロジェクトリスクマネジメントテクニック ・リスクアセスメント手法の落とし穴と勘どころ ・リスク対応及びモニタリングの落とし穴と勘どころ ・事故対応及び再発防止の落とし穴と勘どころ ・リスク感度向上のコツ
一般社員	・何がリスクなのかを説明できる ・簡易なリスクアセスメントができる ・基本的なリスク回避や軽減策を考えることができる ・リスクや事故のタイムリーな報告ができる	・リスク及びリスクマネジメントとは ・基本的なリスクマネジメントプロセス ・プロジェクトリスクマネジメントテクニック

僕らはマネージャーになるから、ここでいうと…、うわっ！ 結構、勉強しなきゃいけないことがあるなぁ。

マネージャーは、現場を指導していかなければいけないし、経営陣が分かる言葉で報告をしていかなければいけないからね。必然的に求められる知識・技術が多くなるね。ただ、リスクマネジメントは、いろいろな場面で有効活用できるものだからね。

早めに習得しておくに越したことはないということですよね。

っていうか、今思ったけれど、先生がこれまで僕たちに前回・今回と講義してくれた内容が、ほとんどこの項目をカバーしてくれているんだね。ラッキー。

忘れないことが前提だけれどね。

Q7　内部統制とERMをどう整理して取り組めばいいの？

> **質問**
> 内部統制という言葉を聞くことがあります。内部統制とERMの関係性や注意すべき点について教えてください。

よくある質問だ。概念的な話をすると、目の前に1つの球体があるところを想像してみてほしい。

ふむふむ。

内部統制とリスクマネジメントは、同じ球体を別の角度で切り取って、それを異なる角度から覗いているようなものであり、両者をきれいに分けて捉えることができないものだ。それを念頭に置いて聞いてほしい。

はい。

内部統制の内部とは会社の内部のことであり、統制とはコントロールのことだ。つまり、**内部統制とは、会社内部のルールや仕組み、対策**だと捉えてもらって構わない。

リスクマネジメント／危機管理部門の実践術　219

会社内部のルール？　ということは、購買管理マニュアルとかコンプライアンスマニュアルとか、会社内にはたくさんルールがありますが、そういったものを指すんですか？

そうだよ。厳密には、マニュアルの上位に、購買管理規程とかコンプライアンス規程と呼ばれるものがあって、これが会社における法律にあたると言える。

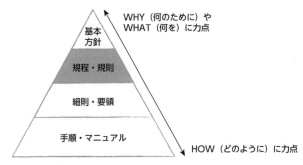

組織における文書の一般的な階層

先生は「会社内部の仕組み」ともおっしゃいました。具体的には何を指すのでしょうか？

リスクマネジメント委員会とかコンプライアンス委員会とか、あるいはリスクマネジメントの仕組み、つまりERMとかも、該当する。

あれ？？　内部統制が求める仕組みの1つがERMだということは、ERMは内部統制に包含されるのでしょうか？　混乱してきた…。

冒頭に言ったことを覚えているかい？　「同じ球体を別の角度で切り取って、それを異なる角度からのぞいているようなもの」と言ったことを。

つまり包含しているという言い方は正しくないと？

そうだ。社内ルール、たとえば購買管理規程を整備するためには、どんなリスクがあるのかを見極めながらルール整備を行わなければならない。そのためにはリスクアセスメントを実施する必要がある。

リスクアセスメントした結果、必要な対策がルール化され、文書化されているということですか？

そういうことだ。そして**「内部統制にリスクマネジメントは欠かせないもの」**といえるから、逆に、リスクマネジメントの体制やプロセス等の整備・運用を、内部統制が求めている。

お互いに依存関係にあるのでしょうか。

依存している部分もあればそうでない部分もある。そもそも**内部統制とリスクマネジメントの目的は異なる**。内部統制の目的は法律で次の4つと定められているが、ERMの目的は企業が自分で決めるものだ。その典型例として、経営目的達成のための戦略立案やその実行、安定供給や品質の維持向上などがある。

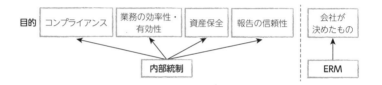

 ## COSO-ERMが語る内部統制とERMの違い

COSO-ERMでは、ERMについていくつかの誤解があると述べており、その1つに内部統制との違いについて言及しています。

> 全社的リスクマネジメントは、内部統制以上のものを対象とする。全社的リスクマネジメントは戦略策定、ガバナンス、ステークホルダーとのコミュニケーション、パフォーマンス測定など、他の事項も対象とする。全社的リスクマネジメントの諸原則は、組織のあらゆるレベルで、そして全ての機能を通じて適用される。
>
> 出典：COSO全社的リスクマネジメント　戦略及びパフォーマンスとの統合より

内部統制の目的にコンプライアンスがありますが、ERMの目的にも、よくコンプライアンスって掲げている企業ありますよね？

別におかしなことじゃないよ。規程整備の際にリスクアセスメントをするが、その後もアップデートが必要だよね。たとえば、事業環境変化とともに購買管理規程を見直さなければいけない場合もあるだろう？　そうした見直しを促す1つのきっかけを作る役割もERMが担っているとも言える。

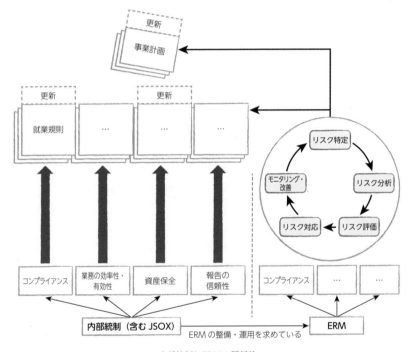

内部統制とERMの関係性

なるほど。先生が球体を別の角度から切り取ったものだと言った意味が分かった気がします。

内部統制に関わる日本の法律

　日本の法律では、会社法において「大会社」（資本金5億円以上または負債総額が200億円以上の会社）は、業務の適正を確保するための内部統制の整備が義務付けられています。具体的には、取締役会の設置、監査役または監査役会の設置、及び内部統制システムの基本方針の決定が必要とされます。この中には、「損失の危険の管理に関する体制の整備」も含まれ、リスクマネジメント（ERM）に関連する基本的な取り組みが求められています。

　これとは別に、上場会社向けには、金融商品取引法に基づく内部統制報告制度（いわゆるJSOX法）が存在します。この制度は、上場企業の内部統制の強化を通じて、財務報告の正確性及び信頼性を確保することを目的としたものです。

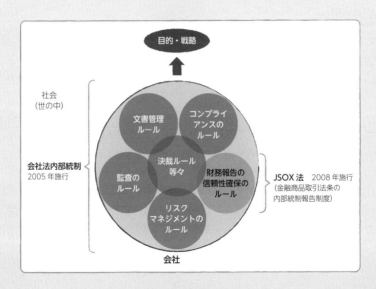

　JSOX法は会社法が求める内部統制と違って、あくまでも財務報告の正確性及び信頼性を脅かすリスクにフォーカスした法律です。JSOXでは主として以下の実施が求められています。

● **内部統制の整備・運用**

　財務報告に関する内部統制の整備及び運用が適切であること。これには、業務プロセスの文書化、リスクの特定・評価、統制活動の設計と運用が含まれます。

● **内部統制報告書の作成**

　上場企業は、自社の財務報告に関する内部統制を評価し、その評価結果を内部統制報告書として開示する必要があります。

● **外部監査**

　外部監査人は、企業が作成した内部統制報告書の適正性を監査し、その意見を監査報告書として提出することが求められます。

Q8　サステナビリティとの関係性をどう整理すればいいのか？

> **質問**
> サステナビリティという言葉をよく聞きます。サステナビリティとERMの関係性について教えてください。

この質問、私も興味あります。ある大規模なイベント運営のプロジェクトに入札したときに、「サステナビリティリスクに関して、どう取り組むつもりか？」と聞かれたんです。

サステナビリティとは持続可能性のことだ。企業は利潤追求組織だから昔はそれを考えて活動していればよかったかもしれないが、世界の消費量が増え、企業の影響力が増すにつれ、**地球環境に悪影響を与えていることが問題視されるようになった**。

社会がある程度豊かになってきて、人の生きる権利とか、会社で働く人の権利とか、世界の貧困とか、そういうところに目が向くような余裕が出てきたってのもあるかもね。

うん。なつき君が言った大規模なイベントになると、さまざまな資源が必要になる。電気や水資源をはじめ、建築資材などが大量に消費される。労働者も多く従事する。不用意な大量消費は、地球環境に影響を与えるし労務管理をしないと、労働者が不当に搾取されるリスクだってある。

企業は**利他的な側面も要求されるようになってきた**ということですね。

その「**利他的な側面**」という点が、**企業が通常直面するリスクとは大きく一線を画す**んだ。故に、リスクの大きさを算定する場合も、モノサシが少し変わってくる。「自分たちのビジネスにどのような影響を与えるか？」だけでリスクの大きさを測ろうとすると、不完全になっちゃうからね。

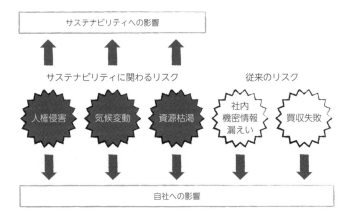

具体的にはどんな違いが出てきますか？

リスクマネジメント／危機管理部門の実践術　225

たとえば君たちの会社が、バッテリー原料であるリチウムをA社から仕入れ、A社はB社から仕入れていたとする。リチウムは採掘に大量の水資源を必要とするので、コントロールしないと地域の農業や地域住民の生活を圧迫しかねない。こういう状況下で君たちが、売上や品質向上、生産性向上などを目的にリスクマネジメントを推進したらどうなる？

企業の目的達成だけを考えれば、調達先のさらにまた向こうの調達先や地域のことは会社が認識するリスクの中にはあまり入ってこないと思います。つまり地域住民の問題は解決されないと思います。

では、サステナビリティ関連リスクが拾われるようにするには、どうしたらいいんでしょうか？

リスクはあくまでも未来に起こることだが、サステナビリティは現在進行形で起きている社会課題だ。だから、企業がそれらを漏れなく拾い上げるためには、まずは**リスクが何かではなく課題は何か**、で考える必要がある。

リスクと課題って、どう違うんですか？

リスクと呼ぶには「目的への影響」と「不確実性」の2つの要素が必要だ。たとえば「気候変動」は、単なる事象を表しているに過ぎない。

えっ？　気候変動ってリスクじゃないんですか？

言葉遊び的な側面もあるが、厳密には「気候変動による温暖化が進むと原料が高騰し、当社の収益を圧迫しかねない」というように2つの要素を含んだ形で表現ができてはじめてリスクと呼べる。

リスク		課題
未来の話 不確実なもの 組織の目的に影響を与え得るもの ポジティブなものとネガティブなものがある	**vs.**	現在進行形の話 すでに発生しているもの 組織の目的に影響を与え得るもの 基本的にはネガティブなもの

なるほど！ **リスクって自社の目的に対する影響軸で考えるもの**だから、その視点だと、利他的なサステナビリティリスクを拾いにくいよ、ということですね。

そして単なる社会課題を特定したいわけじゃなくて、**企業が取り組むべき社会課題を特定したい**わけだから、分析にあたっては、社会影響だけではなく企業影響を考慮する必要がある。このアプローチのことをダブルマテリアリティと呼ぶ。

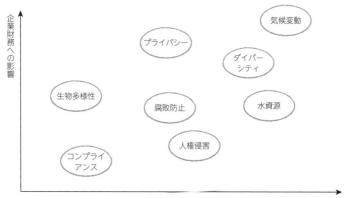

ダブルマテリアリティのイメージ

ダブルマテリアリティで抽出するのは企業にとってのリスクではなく、企業が取り組むべき社会課題ということですよね。そこからリスクの抽出はどうやって行うんですか？

課題の種類に見合った掘り下げをすることになる。たとえば、人権侵害に対しては、自分たちがどういう原料をどの地域からどのように仕入れているか、分析しないと評価できないだろう？ 気候変動も然りだ。

人権デュー・ディリジェンスとは

　人権の掘り下げを行うための代表的なアプローチが、人権デュー・ディリジェンス（Human Rights Due Diligence）です。これは、企業が人権に関するリスクを特定・評価・対処・モニタリングするための一連のプロセス及び継続的な取り組みを指します。

　このプロセスでは主に、企業の事業活動、サプライチェーン、利用するサービス全体を対象とし、労働者、地域社会、顧客、その他のステークホルダーに対する人権リスクの管理を行います。

　この考え方は、国連の「ビジネスと人権に関する指導原則（UN Guiding Principles on Business and Human Rights）」に基づいており、多くの企業がサステナビリティ戦略やESG対策の一環として導入しています。

　なお、同原則では、以下に示す基本的な4つのステップを示しています。

1. アセスメント
   アセスメントとは、自社及び取引先の活動・業務・商品・サービスが人権に与える影響やリスクの特定・評価のことです。
2. 対応（影響の予防・軽減）
   自社の事業活動によって人権に悪影響を及ぼすことにならないよう、予防策や軽減策を講じることを指します。
3. モニタリング（トラッキング・効果測定）
   モニタリングとは、実施した対応の効果測定をすることです。
4. 社内外への発信（説明責任の充足）
   社内外への発信とは、主に悪影響を受ける利害関係者に対して説明責任を果たすことを意味します。

なるほど。リスクの中でも、サステナビリティに結び付く分野については、課題特性にあったアプローチをとることもあるということですね。

頭の中が整理できました。

コラム ESGとは

　ときとして、ESGという言葉が、サステナビリティの文脈で使われる場面もあります。ESGとは、Environmental（環境）、Social（社会）、Governance（ガバナンス）の略で、企業の持続可能性や社会的責任を評価するための基準です。このESG情報は、主に機関投資家を中心に、企業の中長期的な価値やリスク管理能力を測る指標として使用されています。たとえば、温室効果ガス排出削減（環境）、労働環境の改善（社会）、取締役会の透明性（ガバナンス）など、企業のサステナビリティに関連する幅広い取り組みが含まれます。

3つの柱	10テーマ	37 ESG重点課題
環境(E)	気候変動	炭素排出量の推移、製品のカーボンフットプリント（CO_2換算量）、環境への影響を考慮した資金調達、気候変動の脆弱性
	天然資源	水ストレス、生物多様性と土地利用、原材料調達
	汚染と廃棄物	有害物質の排出と廃棄物、包装材料と廃棄物、電子廃棄物
	環境への取り組み機会	クリーンテックでのチャンス、グリーンビルディングの機会、再生可能エネルギーの機会
社会(S)	人的資本	労務管理、安全衛生、人財育成、サプライチェーンの労働基準
	製造物責任	製品の安全性と品質、化学物質の安全性、金融商品の安全性、プライバシーとデータセキュリティ、責任ある投資、健康と人口統計学的リスク
	利害関係者の反対	物議を醸すソーシング
	社会的な機会	通信へのアクセス、金融機関へのアクセス、健康管理へのアクセス、栄養と健康の機会
ガバナンス(G)	コーポレートガバナンス	取締役会、俸給、所有権、会計
	企業行動	企業倫理、反競争的慣行、税金の透明性、腐敗と不安定、金融システムの不安定性

出典：COSO-ESGガイドラインのTable2: MSCI ESG issues and themesを筆者が翻訳

リスクマネジメント／危機管理部門の実践術　229

Q9 戦略リスクとオペレーショナルリスクをどう整理すればいいのか？

> **質問**
> リスクマネジメント部に所属しています。戦略リスクとオペレーショナルリスクは性質がだいぶ異なるように思いますが、どう管理すれば良いのでしょうか？ 分けて管理したほうが良いのでしょうか？

戦略リスクって何でしたっけ？

組織の事業戦略や目標達成に影響を与える、または戦略自体によって生じるリスクのことだ。たとえば企業買収に失敗するとか、技術環境変化が起きて主力製品が一気に陳腐化してしまうとかね。進出先の国で戦争が勃発し、撤退を余儀なくされるリスクなどもこれに該当する。

ERMガイドラインから読み解くERMで意識すべき目的

　ERMの国際的なガイドラインの1つであるCOSO-ERMは、組織が特に意識することが望ましいリスクとして「戦略と整合しない可能性」「選択された戦略からの影響」「戦略とパフォーマンスにかかるリスク」の3つを挙げています。いわゆる戦略リスクとしては、最初の2つがこれに該当します。すなわち、ミッションやビジョンと戦略が整合しない可能性や、適切な戦略が選択されない可能性に対応することが重要であると述べています。また、策定された戦略を遂行する上で生じるリスクの1つにオペレーショナルリスクがあることを挙げています。

- 戦略と整合しない可能性
  ミッションやビジョン、バリューからかけ離れた戦略策定や、戦略と連携していない事業目標を設定してしまうリスクの考慮
- 選択された戦略からの影響
  選択した戦略採用に伴うリスク（例：採用した戦略が成立する前提条件の変化や他の戦略を選ばなかったことに伴うリスク等）の考慮

- 戦略とパフォーマンスに係るリスク
  戦略遂行に伴うリスク（例：過度な自標設定やコンプライアンスや財務、オペレーショナルリスク等）の考慮

出典：Enterprise Risk Management（全社的リスクマネジメント）− 戦略及びパフォーマンスとリスクの連携

 オペレーショナルリスクとは？

 オペレーション、すなわち企業の日常的な事業運営や業務を遂行するにあたって考慮すべきリスクのことだ。 たとえば地震災害による事業中断や、業務ミスや設備不良などによる品質瑕疵、危険物の取扱いを誤って環境破壊をしてしまう、過度な残業をさせて、労働基準法に違反してしまうとかね。

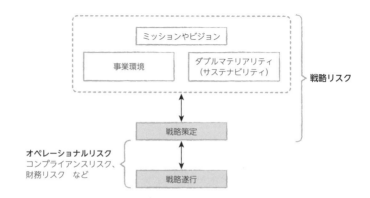

リスクマネジメント／危機管理部門の実践術　231

図で見ると、それなりに性質の異なるリスクであることがよく分かります。質問者の方からもきていますが、やはり分けて管理したほうがいいのでしょうか？

「管理」が何を指すかだね。たとえば、1枚のリスクマトリックス上に双方のリスクを描くことを「管理」と言っているのか、リスクアセスメントからリスク対応やモニタリングまですべてを同じプロセスやツールで行うことを「管理」と言っているのか…。

私は管理という以上、同じプロセスやツールで管理するものだと思っていました。

はるき君のいうとおり、性質も目線も時間軸も異なるリスクだから、双方のリスクを1つのリスクマトリックス上に描いても、情報が複雑になり、返って分かりづらくなる可能性がある。また、戦略リスクをすでに別の形で管理している場合、二重管理になってしまう可能性だってある。

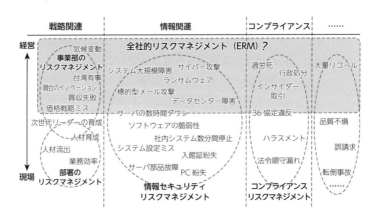

じゃあ、やっぱり分けて管理したほうがいいですね。

ところが「企業にとって軽視できないリスク」という文脈では、戦略リスクもオペレーショナルリスクもない。分けたら分けたで全体が見えづらくなる可能性もある。

では、いったいどうしたら…。

戦略やオペレーションといっても、どちらにも該当し得るリスクもあるしね。つまるところ、**経営陣がERMで何の課題を解決したいのか？** が重要だ。特に、これからERMの導入や変更を考えているのなら、次のように課題候補を列挙して検討してみるのがいいだろう。

戦略リスクやオペレーショナルリスクをERMでどうカバーするべきかを検討する際の考慮事項

		戦略リスクに対しての現状		オペレーショナルリスクに対しての現状	
ERMで解決したい課題候補	会社が抱える重大リスクの経営陣のための一覧化・可視化	△	体系的な可視化は行っていないが、戦略会議などで適宜確認できている	◎	既存のERM、つまり年1回全部署長にリスクアセスメントを依頼してカバーしている状態
	会社が抱える重大リスクの投資家のための一覧化・可視化	○	年1回関係部署へのヒアリングを通じて取りまとめを行っている	○	上記リスクアセスメントを依頼して明らかにした結果から抽出している
	会社が掲げるミッションやビジョン等と経営戦略とのズレのチェック	○	中期計画や単年度の事業計画策定・更新時に暗黙知で実施している状態	—	
	戦略立案時のリスクの明示的な検討	◎	事業計画策定時に各種環境分析するなど、ある程度実施	△	既存のERMでのリスクアセスメント結果と、部門の戦略とはあまり連動してない
	とるリスクの大きさが、経営陣の許容範囲内かどうかのチェック	△	戦略におけるリスクのとり方の妥当性については、やや暗黙知で場当たり的な判断	○	あらかじめ経営陣が合意済みのリスク基準を設定し、これに基づいて判断している
	認識した重大なリスクの適切なコントロール	○	戦略会議や取締役会にて暗黙知ではあるものの定期的にレビュー	◎	四半期に1回、リスクマネジメント委員会にてレビュー
	…	…	…	…	…

凡例：◎十分にできている、○できている、△課題がある、×できていない

具体的にどのように検討するんですか？

リスクマネジメント／危機管理部門の実践術 233

この例だといずれのリスクに対しても、「認識した重大なリスクの適切なコントロール」はすでに実現できていることが分かる。だとするならば、そこに新たな「管理」を考える必要性が低いことが分かるよね。

 そもそも解決したい課題が何かで考えることが大事だということですね。

 そうだ。戦略リスクが、とか、オペレーショナルリスクが、とかの議論よりも、そこに解決しなければいけない課題があるかどうかで判断しなさいということだ。

 理解しました！

Q10　サプライチェーンリスクに対しては何をすればいいの？

> **質問**
> サプライチェーンリスクという言葉をよく耳にしますが、これは具体的に何を指すのでしょうか？　どのような取り組みをすればいいのでしょうか？

 サプライチェーンとはサプライのチェーン、すなわち「供給の鎖」のことだからね。**原材料の調達から製品の製造、そしてそれが最終消費者に届くまでの一連のプロセスやネットワークのこと**を指すね。

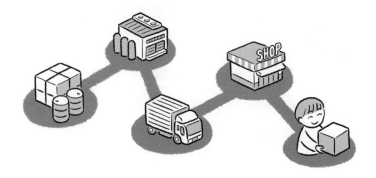

サプライチェーンリスクって具体的にはどんなものがあるんですか？

 たくさんあるよ。たとえば、メーカーであれば真っ先に品質リスクだろうね。納期もあればコストもある。機密情報漏えいリスクもある。災害や紛争による事業中断リスクもあれば、サステナビリティの観点では、人権リスクや気候変動リスクなんかもある。

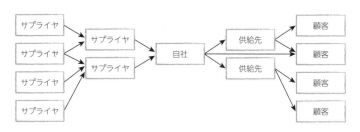

サプライチェーンリスクで検討が必要になるリスク（例）

- 品質リスク
- 納期リスク
- コストリスク
- 安定供給（事業継続）リスク
- 経済安全保障リスク
- コンプライアンスリスク
- 個人情報保護リスク
- 情報セキュリティリスク
- サステナビリティ関連（人権や気候変動等）リスク

 すごく幅広いんですね。これだけ考えるべきリスクの種類が多いと、何から手を付ければいいか分からないですね。

 実際、どの目線が欠けても「供給の鎖」が断ち切られるきっかけになり得るからね。まず押さえておきたいのは、どの種類のリスクをどの部署が評価しコントロールするのか、役割・責任をはっきりさせることだ。

リスクマネジメント／危機管理部門の実践術　235

調達部のようなサプライチェーンの中枢を担う部署が、まとめて一括管理するんじゃないんですか？

さすがに一部署で全部を拾うのは大変だろう。たとえば品質や納期、コスト、安定供給については調達部や製造部などが担うのが自然だろう。だが、個人情報は総務部など別部署が管理責任を担っているケースもあるし、調達部が全リスクのエキスパートというわけでもないから、そのあたりは役割分担が必要になる。

	調達部	製造部	環境安全	財務部	総務部	人事部	…
品質リスク	○	○					
納期・コストリスク	○	○					
安定供給リスク	○	○					
貸し倒れリスク				○			
機密情報リスク					○		
人権リスク						○	
環境リスク			○				
…							

合理的ですね。リスク評価って具体的に何をするんですか？

典型例は、サプライヤ評価シートのようなものを用意して、サプライヤに配布しリスク評価をして返送してもらうやり方だろう。より踏み込んで、立入監査をすることもある。

調査票

カテゴリ	No	質問項目	評価	根拠
従業員管理	1	従業員教育に5S活動を取り入れ管理・監督している		
	2	定期的に安全パトロールを実施している		
	3	外部委託業者への教育方法が定められている		
	…	…		
品質管理	…	…及び、その代行者が明確になっている		
	…	…		
	…	…		
不適合製品対応	…	…		
	…	…		
	…	…		
CO_2排出管理	…	…		
…	…	…		

調査を頼まれるサプライヤも、調査をお願いする企業側も、どちらも大変そう。

だから、サプライヤの負担を考慮したアプローチの検討が必要になる。たとえば人事部や総務部、財務部からバラバラに調査が入ると、サプライヤも大変だろう？

確かに…。

それにサプライチェーンの下流には、大企業の論理がそのまま通用しない中小・零細企業がたくさんいてもおかしくないからね。だから、少しでもサプライヤの負担を減らそうと、同じサプライヤを使っている競合企業同士が協力して共通のサプライヤ評価シートを用意する場合もある。

なるほど。いろいろと配慮が必要なんですね。

大変だよ。どの原料をどのサプライヤから調達しているのかとか、システムで一元管理できていない場合もあるし。しかも、調査の主導権を握る部署が、サプライヤに対するコミュニケーションルートを持っているとは限らないからね。

どういう意味ですか？

たとえば、人権リスクの管理責任を人事部が担うことは多いが、実際にサプライヤと強いコネクションを持っているのは調達部だったりするからね。社内外の関係者の理解を得ないと難しい。ということで最後にポイントをまとめると…

- どのリスクをどの部署が管理を担うか役割・責任を明確化させる
- サプライヤへの負担に一定の配慮をする
- リスクマネジメントに必要な情報の収集するために社内の組織の理解と協力を得ること

よく分かりました！

Q11　AIリスクに対しては何をすればいいの？

質問

AIリスクにはどのようなリスクマネジメントを行えばいいでしょうか？

AIって人工知能技術のことですよね？

そうだ。従来、プログラミング言語や専用データを使って処理する必要があった。しかし、AIは人間の自然言語や多様なデータを使って処理ができる。まるで人間のように考え、何かを生み出したり動いたり、動かしたりできる可能性を持った技術だといえるだろう。

そうするとAIリスクは**人工知能技術が組織の目的に影響を与え得るリスクや機会**ということですね。

そういうことだ。

AIリスクだからといって、特段、リスクマネジメントのやり方を変えたほうがいいとか、あるのでしょうか？

AIなりの特徴があるから気を付けるべき点がある。第一に、**AIは組織にもたらすリスクも機会も、どちらも大きい**。ゆえに、リスクがあるからAIを使わないという安易な意思決定がしにくい。なぜならやめたところで、別のリスク、つまり機会損失リスクにつながるからね。

AIリスクって、まるで諸刃の刃みたいですね。

まさに。第二に、**AIリスクはその影響が多岐にわたる**。人命はもちろん、知的財産権の侵害、機密情報漏えい、プライバシーの侵害など、及ぶ範囲は広範囲になる可能性がある。

え？　なぜ、AIが人命に影響を与える可能性があるんですか？

たとえば、家庭で使うAI搭載のスマートデバイスが、幼い子どもに危険な遊びを教えてしまったという事例がある。また、医療機関に導入したAIが出した診断結果に従った結果、誤った処置につながったというケースもある。

 そうか…。部品の故障とかソフトウェアのバグとは、またちょっと異なるタイプのリスクですね。

 AIがもたらすプライバシーの侵害のリスクってどんなものですか。

 かつては匿名の情報であったものが、AIの高度なデータ解析力によって他のデータと結び付けられ、個人を特定できる情報に変わる可能性がある。結果、適切な管理が行われないと、プライバシー侵害につながる可能性があるんだ。

AIリスクの種類と例

リスクの種類	リスクの具体例
機会損失リスク	当社がAIリスクを恐れて様子見をしていたところ、競合他社がAIを導入してシステム開発の生産性を200%上げた
プライバシー侵害リスク	AIを使って顧客データを解析し、顧客の消費志向を分析してそのデータを販売していたところ、事前合意をしていないと行政指導を受けた
機密情報漏えいリスク	AIを使っていたところ、社内の人間しか知らないはずのデータが回答に混じっていることが判明した。社内の誰かが社内の機密データを勝手に学習させた結果、漏えいしてしまったようだ
知財侵害リスク	AIが作成してくれた情報だから大丈夫だろうと、当たり前に社外向け資料に貼り付けて使っていたところ、「当社の知的財産が勝手に使われている」と他社から訴えられた
安全性・正確性リスク（偽情報／誤情報リスク）	AI診断システムを導入した病院で、看護師がその判断に疑問を持っても病院のルールに従わざるを得ず、結果的に誤った処置をしてしまった

リスクの種類	リスクの具体例
風評リスク	誰かがAIを使い、当社の社長の発言を捏造しSNSに流した。それが炎上し、株価が大幅に下落してしまった
人材リスク	AI全社導入を経営が決めたものの、それによる影響を受ける部員が、「自分たちは不要になったんだ」と勝手に思い込み、一斉に退職してしまった
悪用リスク	社員がAIに不正アクセスの仕方を教えてもらい、それに従って操作をした結果、社内の重要なシステムをダウンさせてしまった

リスクが多岐にわたるとおっしゃったことが腑に落ちました。どう接していくべきでしょうか。

組織がAIにどう関わるのかによって、リスクの種類やアプローチが変わる。AIそのものの開発を考えているのか、AIを社内で利用することを考えているのか、既存のAIを自社製品やサービスに組み込んで販売することを考えているのかによって、アプローチが異なる。

そうなんですか？

たとえば、AI学習に使うデータいかんによっては、偏見を持ったAIを誕生させてしまう可能性がある。AI開発会社は、こうした学習リスクに注意する必要がある。一方で、AIを利用する側は、偏見リスクを踏まえ、出力された結果をそのまま信じず、適切に検証する必要がある。このように**関わる立場が変われば考慮すべきリスクも変わる**んだ。

なるほどー。さまざまな観点からルールを設けなければいけないということですね？

ただ、リスクが多岐にわたるからこそ、細かいルールですべてを縛ろうとするには無理がある。**組織としてのAI開発や利用の基本方針を明確にしておくこと**も大事だ。世界各国の専門機関から、ガイドライン等が公表されているから、そうしたものも参考にするといいだろう。

AI事業者ガイドラインが示す共通の指針

「AI事業者ガイドライン」は、安全・安心を伴ったAIの活用促進を狙いとして、経済産業省と総務省が策定した日本国としてのAIガバナンスの統一的な指針です。このガイドラインの中で、AIに関する共通の指針を提示しています。

項目	共通の指針
人間中心	① 人間の尊厳と個人の自立 ② AIによる意思決定・感情の操作等への留意 ③ 偏見等解消への対策 ④ 多様性 ⑤ 利用者支援 ⑥ 持続可能性の確保
安全性	① 人間の生命・身体・財産、精神及び環境への配慮 ② 適正利用 ③ 適正学習
公平性	① AIモデルの名構成技術に含まれるバイアスへの配慮 ② 人間の判断介在
プライバシー保護	① AIシステム・サービス全般におけるプライバシーの保護
セキュリティ確保	① AIシステム・サービスに関連するセキュリティ対策 ② 最新動向の追跡
透明性	① 検証可能性の確保 ② 関連するステークホルダーへの情報提供 ③ 合理的かつ誠実な対応 ④ 関連するステークホルダーへの説明可能性・解釈可能性の向上
アカウンタビリティ	① トレーサビリティの向上 ② 「共通の指針」の対応状況の説明 ③ 責任者の明示 ④ 利益相反の説明の分配 ⑤ ステークホルダーへの具体的な対応 ⑥ 文書化
教育・リテラシー	① AIリテラシーの確保 ② 教育・リスキリング ③ ステークホルダーへのフォローアップ
公正競争確保	ー
イノベーション	① オープンイノベーション等の推進 ② 相互運用性・相互理解性の確保 ③ 適切な情報提供

出典：AI事業者ガイドライン（第1.0版）

はい。

AIのリスクアセスメントの勘どころについても述べておこう。AIは、組織内部だけでなく外部に与える影響も大きい。だからサステナビリティと似たアプローチが有効だ。

外部に与える影響って、たとえばどんなものですか？

人命を脅かすスマートデバイスの話然り、人権侵害につながる話然り、プライバシー侵害につながる話、然りだ。

そういわれると確かに。サステナビリティも世の中に与える影響が大きいですもんね。

つまりAIが自社だけでなく社外にもたらし得る影響を評価して、企業が解決したい課題を特定することが重要だ。このことをAIシステム影響評価[*4]とも呼ぶ。

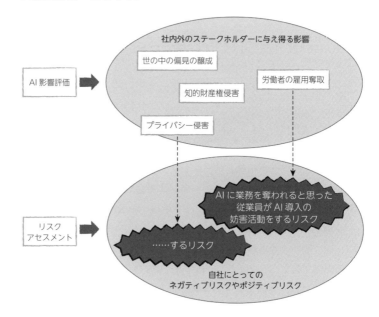

*4 AIシステム影響評価は、AIマネジメントシステムの国際規格であるISO/IEC42001に登場する用語。AIシステムが個人やグループ、社会に与える影響を体系的に評価するプロセスをいう

納得感があります。

AIシステム影響評価によって抽出された課題を踏まえながら、組織にとってのリスクを検討するといいだろう。なお、なつき君が言ってくれたように**AIは諸刃の刃だから、ポジティブなリスクとネガティブなリスクの両方を意識して洗い出すこと**をおすすめするよ。

AIはプラスの側面も大きいですから、それなりにポジティブリスクも出そうですね。

そうだね。リスクマネジメントの基本を知っていて、尚かつ、AIリスクのこうした特徴を押さえたアプローチを理解しておけば、適切なAIリスクマネジメントができるだろう。

はい。

 AIマネジメントシステム（AIMS）の国際規格ISO/IEC 42001

　ISO/IEC42001は、AIマネジメントシステムの国際規格です。組織が自らの目的に合わせて効果的・効率的・安全安心にAIシステムを開発・利活用するためのISOマネジメントシステム規格で、2023年12月に発行されました。正式名称は、ISO/IEC42001 Information technology — Artificial intelligence — Management system（情報技術 - 人工知能:AI - マネジメントシステム）であり、その種類は「基準・要求事項」です。

　なお、ここで言う組織とは、AIシステムを利用する製品やサービスを提供または使用する組織や、AIシステムを開発する組織を指します。基本的には、組織の業種や規模の大小を問わず、あらゆる組織への適用が可能な規格となります。

　AIのISOマネジメントシステム規格ISO/IEC42001が示すリスクベースアプローチに関する要求事項は、情報セキュリティマネジメントシステム（ISMS）の国際規格であるISO27001のそれに似ています。

　具体的には、組織はまず、リスクアセスメントを通じてAIリスクを洗い出し、対応が必要なリスクを選定します。リスク対応では、リスクの大きさに合わせて適切な対策を決めたあとに、附属書Aに掲載されているAIリスク対策一覧と突合

を行い、選択した管理策の十分性や妥当性を検証することが求められています。リスクベースアプローチなので、何をリスクとして捉え、どのリスクにどういった対策を入れるかを決めるのは組織の裁量に委ねられていますが、対策の品質を一定レベルに保つために設けられた一種のガバナンスと言えるでしょう。

AIシステム影響度評価の実施（6.1.4） ／ 附属書Aとの突合（6.1.3）

AI リスクアセスメント			対策（管理策）
AI リスクの特定	リスク分析	リスク評価	
学習データに偏りがあり、国際的な団体等から人権侵害だと訴えられる	大	対応	A.7.6 −データ準備（データ選定基準や手法の明文化…etc）
AI システムが…（省略）	…	…	…

※（ ）の数字はISO/IEC42001の規格項番を示す

Q12　リスクアペタイトって何？　どうしたらいい？

質問

最近、リスクアペタイト（リスク選好）という言葉をよく耳にします。これがどういうもので、ERMにおいてどのように役立つのか教えてください。

アペタイトとは日本語では食欲や欲求と訳される。つまり**リスクアペタイトとは、リスクに対する食欲ないしは欲求**という意味になる。

リスクマネジメント／危機管理部門の実践術　245

リスクに対する食欲って…、なんか矛盾しているような。リスクが欲しい！　なんて思う人はいないですよね。

だが、こんなことを言ったレーシングドライバーや経営者がいるよ。

> 「物事がコントロールされているように見えるなら、十分にスピードが出ていないだけだ」
> 　　　　　　　　　（F1レーシングドライバー　マリオ・アンドレッティ）
>
> 「全てのリスクを消していけば、それはもうからない」
> 　　　　　　　　　　　　　　　　　　　　　　　　（丸紅　柿木社長）
> 　　　　　　　　　　　　　　　　出典：『日経ビジネス』2023/2/20号

リターンを得るにはそれなりのリスクをとる覚悟をしないといけないということですね。

そうか…。**リターンを得るためにどういうリスクならどこまでとる覚悟があるのか**、それがリスクに対する食欲、つまりリスクアペタイトですね。

そうだ。たとえば「エベレスト登山をする際にどこまでリスクをとる覚悟なの？」と問われたときに、「多少の凍傷リスクならとります」って答えたとする。それがリスクアペタイトだ。

リスクアペタイトって、どのような場面でどう使うものなんですか？

実験をしよう。君たちがエベレスト登山をするとして、リーダーに次のように言われたら、どのような心情の違いがありそう？

「凍傷のリスクをとる」ケースだと、どうやって登頂するかに対する意識が強くなりそうです。じゃあ、多少の凍傷リスクで済むようなチャンスってどこに転がっているだろうって考えます。

「リスクは絶対にとらない」のケースだと、滑落や悪天候、高山病など命の喪失につながりそうなリスクはどこに転がっているか、という意識が強まります。

どちらのほうが目的・目標達成確度を上げてくれそうかな？

どちらかと言えば、リスクアペタイトのほうが目的・目標達成に対する意識付けを行ってくれそうな印象を持ちました。言語化の仕方1つで、こんなにも変わるなんて。

そうだろう。「リスクマネジメントは企業価値維持だけでなく、企業価値向上にも役立つ」とはよく言ったものだが、それはこのリスクアペタイトの存在が大きいんだ。

リスクマネジメント／危機管理部門の実践術　247

リスクアペタイトの表し方

リスクアペタイトの表現の仕方はいろいろあります。ERMの国際的ガイドラインCOSO-ERMがリスクアペタイトの設定方法について紹介しています。

- ターゲット（目標）
  例：人員稼働率が60％程度になるように受注をする
- レンジ（範囲）
  例：人員稼働率は80％を目指すが、残業時間が30h未満に収まるようにする
- シーリング（上限）
  例：どんどん受注して構わないが、繁忙期でも人員稼働率を85％に抑える
- フロア（下限）
  例：どんな場合でも売上の20％を研究開発費にまわす

リスクアペタイトなんてあまり意識してきませんでした。私がやってきたプロジェクトでも、どちらかと言えば「命を失うようなリスクはとらないぞ！」に近いアプローチだったと思います。

はは。何事も、「嫌なこと」のほうが考えやすいからね。それ自体は、間違ったことではない。ただ、同じくらい**リスクアペタイトも重要**だということを忘れないでくれ。カーレースにたとえれば「どこでブレーキを踏むか？」だけでなく「どこでアクセルを踏むか？」を考えないと勝負には勝てないからね。

勉強になりました！

Q13　リスクカルチャー醸成ってどうしたらいい？

> **質問**
> 世間では不祥事を起こした企業において、組織風土やリスクカルチャーに問題があったからだという話を聞きます。リスクカルチャーって何でしょうか？　リスクカルチャーの醸成ってどうすればいいんでしょうか？

リスクカルチャーって聞き慣れない言葉だよね。具体例を挙げて説明しよう。たとえば、なつき君とはるき君は自分の会社がチャレンジ旺盛な会社だと思うかい？

はい、そう思います。若いうちからいろいろな経験をさせてもらえています。難しいプロジェクトとかでもやりたい人は？　って聞かれると、みんながやりたがって一斉に手を挙げる会社です。

そういう雰囲気って他の会社でも同じだと思う？

そんなことはないと思います。以前、取引先の方と話したときに「なつきさんの会社の雰囲気は我が社と全然違う」っておっしゃっていて驚いたくらいですから。

リスクマネジメント／危機管理部門の実践術

そういう雰囲気って明文化されているルールか何かがあるおかげなのかな？

いいえ。我が社の雰囲気はこうじゃなきゃいけないなんて書かれたルールはないです。

でも、明らかに他の会社と違うわけだよね。その**明文化されておらず目に見えないが、明らかにみんなの行動を形成する礎になっているもの**…、それが組織風土だ。その中でも特にリスクマネジメントに関わる思想がリスクカルチャーだと言える。

目に見えない？

うん。リスクカルチャーとは、**人の心に内在するリスクに対する考えや思想だ。人や組織がリスクをどのように認識し対応し管理するかを決める心の礎だ。**組織に刷り込まれた信念や信条のようなものだ。

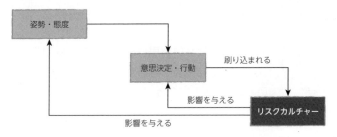

カルチャーのABCモデル①

意味は理解しましたが、リスクカルチャーは自然発生的に生まれるものなんでしょうか？　それとも何かきっかけがあるんでしょうか？

なつき君は、みんな難しいプロジェクトでも積極果敢に手を挙げると言っていたが、それはなぜだい？

入社時から先輩たちがそうでした。あと、リーダーも「何事にも恐れず果敢にチャレンジすること」が我が社の強みだって、ことあるごとに発言されていましたので。自然にそれらに触発された感じです。

つまり、**組織に影響力を与える立場にある人がそういう立ち振る舞いをすることが大きなきっかけ**となっているわけだ。それを見て後輩たちが追随し、フォロワーが増えていく。その渦の中に身を置くとみんなが同じような影響を受けていく。図で表すと次のように表現できる。

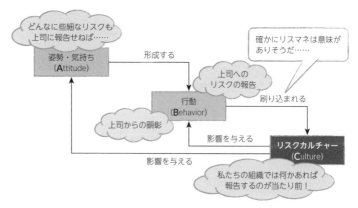

カルチャーのABCモデル②

なぜ、そのリスクカルチャーが不祥事の原因としてよく取り上げられるのでしょうか？

たとえば、品質不正の不祥事を起こした会社でのことだ。そこのコンプライアンス部長が、現場から「どうやら現場で不正が行われているようだ」という報告を受けた。しかしその部長はその報告を経営陣には報告しなかったんだ。この部長は問題発覚後、そのときの心境を次のように語ったんだが、どう思う？

> 経営陣に報告を上げると、経営陣は外部公表せざるを得ず、そうなると会社の存続自体が脅かされてしまう。であるならば、自分のところで留め置き、社内のコンプライアンス研修の際に不正を行っているであろう組織に間接的に注意をすることで、事態を収束させようと思った。

なんと…。発見した不正を経営陣に上げないほうが会社のためになると思ったってことか。

ですが、普通こうした不正は検知したらすぐに上に報告するルールになっているのが一般的ですよね。

うん。だけど、**いざというときにルールどおりに動かない状況を生み出すのもリスクカルチャーのなせる技**だ。

そうか！　**リスクカルチャーはときに、ルールでさえも凌駕してしまう**んだ。だから、ルールをいくら設けても、それだけでは解決しないということか！

そういうことだ。では、どうすれば醸成できるのか？　「影響力のある人がそういう立ち振る舞いをすることが大きなきっかけになる」といったが、そこにヒントがある。

影響力ある人が自らの行動で示すということですか？

そうだ。どういうリスクカルチャーを醸成したいのか、組織の幹部が集まって話し合い共通認識を持ち、ときにはそれを**方針という形で言語化し、それをリーダー自らが率先垂範しながら社員に刷り込んでいく必要**がある。

リスクカルチャー醸成の具体例

- リスクマネジメント方針や行動指針を定める
- 方針や行動指針の刷り込みを行う
  - ・リーダー自らが率先垂範してその背中を見せる
  - ・率先垂範した事例を紹介する
  - ・方針や行動指針を体現した人を評価する
  - ・方針や行動指針が誕生した背景を研修等で説明する
  - ・リーダー自らが現場を周り対話を行う　　等々

目に見えないものってところが怖いですよね。

目に見えないものではあるが、必ずしも測れないものではない。どういうときにどういう思想で物事を捉え、どういう判断を下すのか。それが組織のリーダーの思いと一致しているのかどうかについて対話をしたり、アンケートをとったりして評価することもできる。

目に見えないものであるからこそ、リスクカルチャーの醸成具合を見える化し、その結果も踏まえながら、醸成活動を図っていく…。不祥事につながり得る要素なのであれば無茶苦茶大事ですね。

そういうことだ。

Q14　海外拠点のリスクマネジメントはどうしたらいいの？

> **質問**
> 子会社を含めたグループ全体に全社的リスクマネジメント（ERM）を導入しようとしています。国内外に子会社が十数社ありますが、数千人規模の会社もあれば数十人に満たない会社もあります。どうしたらいいでしょうか。

いわゆる**グループガバナンス**とか**グローバルリスクマネジメント**と呼ばれるものだね。**難しいのは、子会社の環境が、親会社のそれと大きく異なる可能性があるということ**だ。親会社のリスクマネジメントの仕組みをそのまま子会社に適用するのは現実的でない場合もある。

確かに。数千人、数万人の会社でやっているリスクマネジメントを数十人の会社に導入するのは現実的ではないよなぁ。

逆のパターンもある。たとえば買収先の子会社のほうがよほどしっかりとしたERMを導入・運用している場合もある。

企業体力も、組織としての成熟度も、抱えているリスクの大きさもバラバラだから、どう設計するかが難しいというわけですね。

そう。それに物理的距離も遠いしね。そんなわけだから**グローバルリスクマネジメントで押さえておくべきポイントが5つある。**

---
1. 内部統制をはじめとする子会社の状況の理解
2. 子会社に求めるレベルや手綱の締め方の決定
3. 3ラインモデルを押さえたリスクガバナンス設計
4. 問題はすぐにエスカレーションされ共有される
5. 問題や想定外の事態が起きた際の対応力が身に付いている

1つずつ説明をお願いします。

「1. 内部統制をはじめとする子会社の状況の理解」は、要するに現状把握だ。子会社について最低でも以下のことを把握する必要がある。

- 経営戦略や財務状況
- 親会社・子会社のレポートライン等が分かるグループ全体の組織図
- 子会社の重要事項の意思決定プロセスや組織図
- 内部統制など社内ルールの整備・運用の充実度
- リスクマネジメントの仕組みの有無や管理状況
- 抱えているリスクの種類や大きさ
- リスク情報の開示や管理に関わる留意すべき国の法規制

結構ありますね。ところで内部統制については、何で必要があるんでしょうか？

会社の基本ルールや仕組みとも言うべき内部統制が整備されていないのであれば、ERMの前に、まずそこから着手する必要があるかもしれないからだ。**内部統制がないのにERMを導入するのは、基礎がないのにいきなり家を建て始めるようなものだ。**

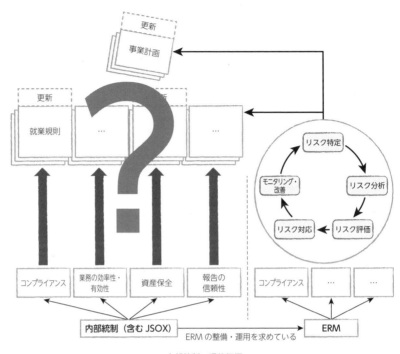

内部統制の現状把握

 確かに…。

 「2. 子会社に求めるレベルや手綱の締め方の決定」では、要するに**マクロマネジメントでいくのか、マイクロマネジメントでいくのかを決める**ということだ。

 子会社の状況によってマネジメントスタイルを決めたほうがいいと言うことですね。

 うん。「子会社に求めるレベル」とは、どこまで厳格なリスクマネジメントの実施を求めるかだ。また「手綱」とはその実施方法についてどこまで本社側で指定するか、という意味だ。たとえば、リスクアセスメントツールをすべて本社側で用意するのか、とかね。

 放任主義でいくのか、干渉主義でいくのか…、みたいな感じですね。

リスクマネジメント／危機管理部門の実践術　255

そうだね。表にまとめるとこんな感じかな。

		子会社に求めるレベルの高さ		
		低い	普通	高い
		例)経営戦略に大きな影響を与える重要なリスクについて、経営会議等で議論する	例)経営を中心としたリスクアセスメントを実施。適宜、議論・対応を行う	例)年1回以上、全社を巻き込んだ本格的なリスクアセスメントを実施。リスクマネジメント委員会を設置し、これらの活動の推進や評価・改善に努める
子会社に対する手綱の握り方	弱め	例) ・グループ方針（WHY・WHAT）を定める ・親会社への報告事項（WHAT）を定める	A	D	G
	普通	例) ・グループ方針（WHY・WHAT）を定める ・親会社への報告事項（WHAT）を定める ・グループリスクマネジメント実施事項（WHAT）を定める ・グループリスクマネジメントプロセス（HOW）を定める	B	E	H
	強め	例) ・グループ方針（WHY・WHAT）を定める ・親会社への報告事項（WHAT）を定める ・グループリスクマネジメント実施事項（WHAT）を定める ・グループリスクマネジメントプロセス（HOW）を定める ・グループリスクマネジメント手順（HOWの詳細）を定める	C	F	I

 「3. 3ラインモデルを押さえたリスクガバナンスの設計」はどういう意味ですか？

リスクガバナンスは、組織としてリスクマネジメントをどう回すのかということだ。グローバルリスクマネジメントになると、子会社側にはどんな体制を設けるのか、本社側のどの部署が子会社のリスクマネジメント推進をサポートするのか、などを設計する必要がある。

3ラインモデルって何ですか？

3ラインモデルは、組織内のリスクマネジメントとリスクガバナンスを効果的に実施するためのフレームワーク、つまりある種の「型(かた)」のようなものだ。

具体的には、どのような型ですか？

簡単に言えば3ラインモデルとは**「自分のことは自分でやる。そこにミスや失敗、ルーズさは付き物なので、サポート役と牽制役も必ず設けるようにする」**という考え方だ。

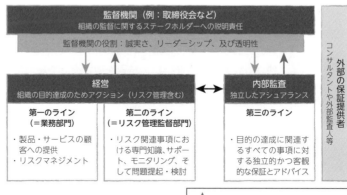

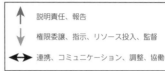

出典：IIAの3ラインモデルを基に筆者が編集

リスクマネジメント／危機管理部門の実践術　257

自分のことは自分でやるってどういう意味ですか？　あと、第一のラインって何ですか？

第一のラインとは業務をやる当事者のこと。**自分の業務に関わるリスクの管理は自分でやれよ**、という意味だ。**何事も丸投げはダメだよ**、ということ。当事者にしか気付けないリスクがあるはずだし、他人が何から何まで面倒を見るなんて無理な話だからね。

では第二のラインの意味や役割は？

第二のラインは、第一のラインの活動をアシストする役割を担う組織を指す。一般的には本社の管理部門や海外統括部門などがその役割を担うことが多い。自分のことは自分でやるのが基本だが、それだけだと今度は、**第一のラインが視野狭窄に陥って大事なことを見逃す可能性もある**からね。

たとえば、生産部門が一義的には製造製品の品質リスク管理を行うけれど、それを横から品質管理部門がアシストするようなことですか？

そのとおりだ。そして第一・第二のラインの活動について、客観的・独立の立場で監査を行い、結果を取締役会や経営に伝えるのが第三のラインにあたる内部監査部門になる。

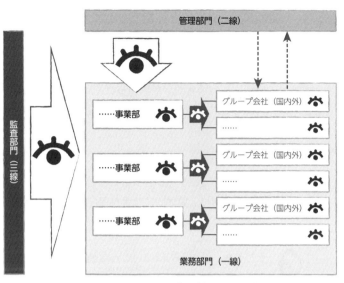

3ラインモデルの例

「4. 問題はすぐにエスカレーションされ共有される」と「5. 問題や想定外の事態が起きた際の対応力が身に付いている」は、いずれも「問題」の話のようですが、どうですか？

特に海外拠点となると、どうしたって物理的な距離が離れているからね。**いくらしっかりとしたリスクガバナンス設計をしても、事故や想定外な事態が起こることがあるとあらかじめ思っておいたほうが健全**だ。

事故対応や再発防止、BCPや危機管理をしっかりと考えておこうと言うことですね？

そのとおりだ。いざというときにパッと対応できる体制があれば、経営としても少しは安心できるだろう。グローバルリスクマネジメントでは法規制の考慮など、他にも留意点はあるが、まずはこのあたりを押さえておくといいだろう。

　勉強になりました！

リスクマネジメント／危機管理部門の実践術　259

Q15 情報開示ってどうしたらいいの？

> **質問**
> 上場企業は投資家への情報開示が求められていると思いますが、リスクマネジメントに関してはどのような情報開示が必要ですか？ また、留意すべき点を教えてください。

リスクコミュニケーションのことだね。開示すべき情報は法規制に基づいており、具体的には金融商品取引法や証券取引所の規則などで定められている。

そもそも、法規制的には、どんな情報開示が求められているんですか？

逆に聞こう。たとえば、君たちが投資家で、とある上場企業に1,000万円の投資をするかどうか検討していた場合、どんな情報を知りたい？

投資対象の会社が、どれだけ成長してきたのか、今後、成長する可能性があるのか？ 今後その成長戦略が描けているのか、とか。

リスクという観点では、その成長戦略を脅かすリスクは何か？ そのリスクをどうコントロールしようとしているか？ とか…。

端的に言えば、**とるリスクと得られるリターンを知りたい**ってことだよね。そんなわけだから、法規制は上場企業が抱える事業に関わるリスクに関して以下のような情報開示を求めている。

260　5時間目：部門ごと・役割者ごとのリスクマネジメントお悩み解決Q＆A

- 重要リスク
  - 経営者が、企業財務に重要な影響を与える可能性があると認識している主要なリスク
- 重要リスクの発生可能性
  - リスクが顕在化する可能性の程度や時期
- 重要リスクの影響度
  - リスクが顕在化した場合に企業財務に与える影響
- 重要リスクの対策
  - リスクへの対応策

投資家の気持ちになると、納得できます。

それと、忘れちゃいけないのが気候変動や人権などサステナビリティの情報開示だ。この周辺は、法規制強化の動きが激しい。都度、世の中の法規制をウォッチしておく必要がある。

サステナビリティ情報開示
1. ガバナンス
2. 戦略
3. リスク管理
4. 指標と目標

大変！

あとは**投資家を意識することが大事**だ。投資家目線で考えたときにどういう情報を開示すべきかを考えるといいだろう。実際、法律で求められている以上の内容を記載している企業も多い。

とはいえ、どこまで書くべきかの判断が難しそうですね。

情報開示がいい加減だと、企業が不利益を被る可能性はあるんですか？

リスクマネジメント／危機管理部門の実践術　261

実際は、情報開示が不十分だからといって、投資家から愛想を尽かされるとかはあまりないだろう。ただ、会社が不祥事や大事故を起こしたときには、いい加減な情報開示が大きなマイナスになる可能性がある。そんなわけだから、**情報開示に対してどんな方針で臨むかをはじめに決めておくといい**だろう。

方針って具体的にどんなものですか？

たとえば「リスクコミュニケーションのあり方について、業界のリーダーとして見本を示したい」とか以下に示すような指針になるものだ。

- 「徹底したリスク情報の透明性に努めたい」
- 「同業他社に見劣りしない程度の情報開示は目指したい」
- 「業界の中で情報開示における先鋭企業になりたい」
- 「法規制さえ満たせればいい」
- 「外部専門機関から高評価を受けたい」等々

確かにそういう指針がはじめに決まっていると、迷いが減りそうです。

基本的には、良いことも悪いことも誠実に情報開示する姿勢が、投資家のためだけでなく、結果的に企業のためにもなると思う。

 サステナビリティの情報開示について

講義の中でサステナビリティの情報開示に関する法規制の強化が進んでいるという話がありましたが、実際にそのとおりです。

米国では気候変動に関する情報開示に関する規制整備が進められています。欧州（EU）ではCSRD（Corporate Sustainability Reporting Directive）やESRS（European Sustainability Reporting Standards）などの法案が可決されました。これらはサステナビリティに関する情報開示を求める法律であり、人権や気候変動などに関して、具体的な実施事項や開示内容が詳細に規定されています。

　日本においても、財務会計基準機構（FASF）の内部組織であるSustainability Standards Board of Japan（SSBJ：サステナビリティ基準委員会）が、サステナビリティに関する情報開示のあり方について検討を進めています。大きく3つの要素から構成されます。

- 基本的な開示基準
  サステナビリティ関連財務情報の全般的要求事項を規定
- 一般開示基準
  ESGの各要素の管理・報告方法についての詳細なガイドライン
- 気候関連開示基準
  気候変動に特化したリスクと機会に関する開示を規定

　このように、世界各国でサステナビリティに関する情報開示の重要性が高まっており、企業はこれに対応するための体制を整える必要があります。情報開示の透明性と信頼性を確保することが、持続可能な社会の実現に向けた重要な一歩となるでしょう。

その他の役職者や部門のリスクマネジメント実践術

Q16　社長は何をすればいい？

> **質問**
> リスクマネジメントにおける社長の役割って何でしょうか？　具体的に何をすればいいんでしょうか。

社長といっても、対象となる組織の大きさによって変わってくるが、一般的には次のとおりだ。

> 1. 自分の意思を込めたリスクマネジメント方針を定める
> 2. 方針を実現するための体制・役割・責任などを承認する
> 3. 方針の周知徹底、リスクカルチャーの醸成を図る
> 4. 重大リスクの決定やそれらリスクに対する対応方針を承認する
> 5. 方針の実現状況を評価し、改善のための指針を出す

「1. 自分の意思を込めたリスクマネジメント方針を定める」とは？

リスクマネジメント方針とは、企業としてのリスクマネジメントのあり方、枠組み、リスクガバナンスを示したものだ。別の名称で呼ぶ企業もあるが、一般的に次のような中身をカバーしたものだ。厳密には社長自らが作るというより、この制定にあたって社長が経営者としての意思を示すという意味だ。

```
リスクマネジメント方針

1. 目的
2. 行動指針
3. 体制
4. 役割・責任
5. プロセス
6. ……
```

どんな意思を示す必要がありますか？

「登りたい山は何か」「どこまでリスクをとるのか・とりたいのか」「何のリスクは絶対にとりたくないのか」「リスクマネジメントを推進する上で社員に大切にしてほしいことは何か」「やめてほしいことは何か」などについて意思を示すことが望ましい。

「2. 方針を実現するための体制・役割・責任などを承認する」はどうですか？

社長がマイクロマネジメントをするわけにはいかないだろうから、誰が実質的な統括責任者を担うのか、どこが事務局を担うのか、部門長やマネージャーはどんな役割・責任を担うのか、リスクマネジメント委員会はどうするのか等について、承認するという意味だ。

実際は、ERMの事務局が考えてきた体制や役割・責任案を社長が承認するみたいな感じですよね？

そうだ。ちなみに、ジョブ型雇用が一般的な欧米ではジョブディスクリプション、つまり職務内容の1つとしても明記しておかないとトラブルになるかもしれないから留意する必要がある。

へぇー。

「3. 方針の周知徹底、リスクカルチャーの醸成を図る」は、**社長にとっても最も重要な役割・責任の1つ**だと言える。リスクマネジメントに対するリーダーの姿勢がそのまま組織全体の文化として根付いていく、すなわち組織のリスクカルチャーになるからだ。

その他の役職者や部門のリスクマネジメント実践術

 具体的にどんな活動をするものですか？

 理念の浸透と同じだよ。リスクマネジメントの行動指針を、自らの言葉に置き換えて事例を踏まえて伝えたり、それと同じことを各組織のリーダーにも求めたり、社長が大切にしてほしいことを体現した人を表彰したりね。

 「4. 重大リスクの決定やそれらリスクに対する対応方針を承認する」とは、どのリスクにどれくらいの投資を行うのかは経営判断になるからですか？

 そういうことだ。

 最後の「5. 方針の実現状況を評価し、改善のための指針を出す」はどうですか？

 トップである以上、**プロセスよりも結果と向き合うことが大事**だから、**社長がどれだけリスクマネジメントリーダーシップを発揮できたのか、方針がどれだけきちんと組織に浸透し、そのとおりに動けたのか**をきちんと見て、改善の必要があるかどうか判断しなければならない。

 こうやって説明を聞いてみると、**社長の責任って方針に始まって方針に終わる**っていう感じですね。

 そのとおり！ ERMではどうしても個別の重大リスクにばかり目が向いてしまいがちだが、こうした**リスクマネジメント方針の浸透と徹底こそが、社長の責任といっても過言ではない。**

  はい！

Q17　執行役員は何をすればいい？

> **質問**
>
> 自分は執行役員です。執行役員といっても組織によりけりだとは思いますが、経営に近い立場で業務執行をする者としてのリスクマネジメントの役割・責任は何でしょうか？

 経営に近い立場で業務執行をする者のリスクマネジメントの役割・責任は、会社全体のリスクマネジメントと自分の管掌範囲のリスクマネジメントだ。

その他の役職者や部門のリスクマネジメント実践術　267

 具体的には何をすればいいんでしょうか？

まとめると次のようになることが多いかな。

執行役員の管掌範囲内のリスクマネジメント

- 部門としてのリスクマネジメントの方針の明示
- 方針の周知徹底、リスクカルチャーの醸成
- 部門の重大リスクの決定やそれらリスクに対する対応方針の明示・承認
- 方針の実現状況の評価、改善のためのダイレクションの提示

全社のリスクマネジメント

- 部門としてコミットした目的・目標に対してとっているリスクと対応すべき重大リスクの経営陣への共有
- 全社重大リスク及びその対応方針に対する意見提示と対応への協力
- リスクオーナーになった重大リスクに対する対応方針の明示とそのコントロールの最終責任。何かあった場合のそのリスクに対する説明責任

 パッと見た感じ、社長の役割・責任と似ているものもありますね。

そうだね。ただし、社長が意思を発揮するリスクマネジメント方針はあくまでも会社全体を意識したものだが、執行役員のそれは、全社向けのリスクマネジメント方針との整合を意識しつつも、管掌する部門向けに定めるものだ。

社長が全社向けにリスクマネジメント方針を定めているのに、それとは別に作る必要があるんですか？

事業やそこを率いるリーダーによって、登りたい山も、リスクをどこまでとるかとらないかも、とりたくないリスクは何かも、変わってくるだろう？　たとえば新規事業とそうでない事業とでは、リスクの取り方がまったく変わるだろう？

何かきっちりとした文書にしたほうがいいんですか？

いいや、部門のリスクマネジメント方針はインフォーマルなものでも十分だ。**大事なのはリーダーが意思を示すこと、それをはっきり伝えること**だ。そうしないと組織のリスクマネジメントが機能しないというのは嫌と言うほど習っただろう？

はい。具体的に、執行役員はどのタイミングで意思を発揮するのがいいんでしょうか？

その他の役職者や部門のリスクマネジメント実践術　269

単年度の事業計画や中期計画を策定したり、それを部門員に発表・周知するタイミングで意思を発揮したりするのがいいだろうね。

その他、留意すべき事項はありますか？

ERMにおいて、執行役員が意思をあまり発揮せず、マネージャーに任せっぱなしという組織も多い。それは意味がないので気を付けてほしい。社長同様、執行役員の責任についても「方針に始まって方針に終わる」と思っておいてほしい。

はい！

Q18　マネージャーは何をすればいい？

> **質問**
> 自分は部長です。リスクマネジメントを推進するにあたって、具体的・本質的にどんな役割・責任が期待されているものでしょうか？

課長や部長など、組織のマネージャーによるリスクマネジメントの役割・責任は一般的に次のとおりだ。

マネージャーの管掌範囲内のリスクマネジメント

- 部・課としてのリスクマネジメントの方針の明示
- 方針の周知徹底、リスクカルチャーの醸成
- 部・課のリスクアセスメントの実施やリスク対応計画の策定と実行管理
- 部・課の重大リスクの決定やそれらリスクに対する対応方針の明示・承認
- 方針の実現状況の評価、改善のためのダイレクションの提示

部門や全社のリスクマネジメント

- 部・課としてコミットした目的・目標に対してとっているリスクと対応すべき重大リスクの部門長への共有
- 部門や全社の重大リスク及びその対応方針に対する意見提示と対応への協力
- 対応担当となった部門や全社の重大リスクに対して、リスクオーナーのダイレクションに基づく、計画策定・実行・モニタリング

総じて、社長や執行役員に求められる役割・責任の延長といった印象がありますね。

そういった側面はあるが、**マネージャーともなると実務が入ってくる**。具体的には全社や部門のリスクマネジメント方針を部・課レベルに落とし込み、メンバーに周知徹底していくことが求められる。同時に、**リスクアセスメントやリスク対応計画の策定に直接的に関与していく立場**になる。

それが「部・課のリスクアセスメントの実施やリスク対応計画の策定と実行管理」ですね。

マネージャーも、執行役員のように2つの目線が期待されるんでしょうか？

マネージャーの場合は、自分の管掌範囲である部・課のリスクマネジメントと、一段上の部門目線でのリスクマネジメントが必要になると言えるだろうね。ときとして3つ目の目線、つまり「全社の目線」を求められることもあるがね。

その他の役職者や部門のリスクマネジメント実践術

 マネージャーが全社の目線？

 うん。執行役員が自らリスク分析・評価を行うことは少ないだろうが、マネージャーレベルになると現場のことも見えているし、経営が何を気にしているかもある程度理解しているだろうからね。一例を挙げるとこんな感じのプロセスになるね。

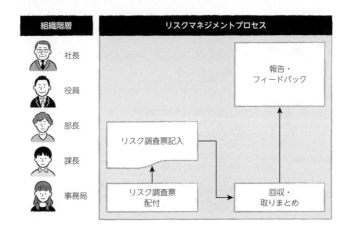

 そうなんですね。

とはいえ、マネージャーの視野はどうしたって限られる。マネージャーはマネージャーの目線でリスクアセスメントを行い、執行役員はそのアウトプットを見て、全社重大リスクが何であるかについて自らの考えを示し、対応を検討することが望ましいと言えるだろう。

その他、マネージャーが留意すべきことはありますか？

現場に近い立場であることに鑑みれば、**マネージャーは自身とメンバーたちのリスク感度醸成を意識**してほしい。日頃から、何がリスクで何がリスクでないのか。どういう情報をいち早く上げてほしいのか、ことあるごとに具体的にメンバーに説いて回るくらいやってほしい。

大変そう。

あとは、リスク感度のためにも、決して受け身にならず、**自ら執行役員に話しかけて、リスクマネジメント方針…、リスクマネジメントに対する考え方を引き出す努力**をしてほしい。

理解しました！

Q19　内部監査は何をすればいい？

> **質問**
> 私は内部監査員です。内部監査では全社的リスクマネジメント（ERM）に対してどのような監査をすることが求められているのでしょうか？

念のため、2人とおさらいをしておくと、内部監査部門は、**組織の目的達成を支援するために独立的・客観的な監査を行う組織**のことだ。

監査って具体的に何をするんですか？

シンプルに言えば**「組織の目的達成に必要なルールが整えられているか」「そのルールを守っているか」「その結果として目的達成の役に立っているか」**をチェックするんだ。

「独立的・客観的」という言葉にはどういう意味が込められているんですか？

「独立的」とは他の部門から独立して業務を行うことができる状態を指す。監査内容が経営によって歪められないよう、取締役会や監査委員会に直接のレポートラインを持っているかどうかが大事なポイントになる。

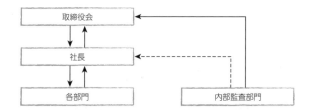

へぇー。

「客観的」とは、監査業務を行う際に、個人的な感情や他者の意見に左右されずに、公正な判断を下せる状態を指す。自分の思い込み…、つまり「主観」が入らないよう、自分で自分を監査しないということさ。

はるきも私も、自分のことを甘やかしそうだから、それは大事ね。

さて、そんな内部監査部門のリスクマネジメントにおける役割の話だったね。はじめに理解しておいてもらいたいのは、**内部監査は会社のリスクのことを一番考える組織の１つである**ということだ。

はい。

会社のルールの整備状況や遵守状況をチェックするのが内部監査の仕事だ。しかし監査対象となるルールはたくさんあるし、その対象となる組織もたくさんある。１つひとつのルールを１人ひとりに確認するような、しらみ潰しの監査は現実的ではないよね。

納得！ １つひとつ、１人ひとりをチェックするのは現実的ではないから、会社のどこに、より大きなリスクが存在するかを考えて、優先的に内部監査すべきところに当たりを付けるんですね。

そうだ。故に、**内部監査部門が認識しているリスクと、経営や現場が認識しているリスクに齟齬がないかを見ることが１つの重要な役割**になるんだ。

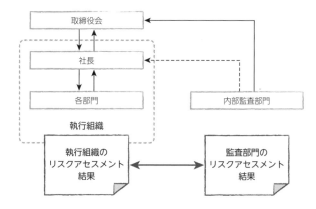

へぇ〜。

そのために、内部監査部門は**独自にリスク評価を行うこと**が理想ではある。そのほうが、より客観性を持って、監査対象組織が行っているリスクアセスメント結果が妥当であるかをチェックできるからだ。

その他の役職者や部門のリスクマネジメント実践術

ってことは、そもそも監査の対象となる組織が何を目指していて、どこまでリスクをとる覚悟なのか、どういったリスクはとらないのかといった考えについて、内部監査部門自体も、正しく理解していなきゃいけないですよね？

まったくもって、そのとおりだ。

内部監査部門って結構、大変なんですね。

だが、組織のERMを意味あるものにするためにも、重要な役割を担っているんだ。組織の目的・目標達成確度を上げるためにリスクマネジメントというツールをとり入れたはずなのに、いつの間にかそのツールに踊らされている組織も少なくないからね。

内部監査部門が役割を果たせれば、「そのリスクマネジメント、役に立っていないよ！」って警鐘を鳴らしてくれるというわけですね。

そうだ。他にも内部監査部門のリスクマネジメントに対する役割はあるが、まとめると次のようになる。

> **内部監査部門に期待されるリスクマネジメントにおける役割**
> 1. 組織が掲げている目標が、ミッションやビジョンと整合性がとれているか？
> 2. 重大なリスクが識別され評価されているかどうか？
> 3. リスクに対して適切なリスク対策が導入・実行され、リスクアペタイト（リスク選好）内に収まっているか
> 4. 重大なリスクの情報がタイムリーに経営や取締役会に上がるようになっているか？

2番、3番、4番は想像が付きますが、1番の「組織が掲げている目標が、ミッションやビジョンと整合性がとれているか？」ってどういうことですか？　その整合性をとるのは、経営陣の仕事ではないんですか？

経営の仕事だが、それを監視監督する立場として取締役会がいる。その**取締役会の目となっているのが内部監査である**わけだから、それら整合を見るのも必然的に**内部監査部門の役割**になる。たとえば組織がこんな事態に陥っては困るだろう？

ミッション
「すべての人々に質の高い医療サービスを提供する」

ずれた目標
売上の拡大を目指して、より高価な治療法や薬剤を推奨する

ビジョンからずれた目標が組織にもたらし得るリスク
高価な治療法や薬剤の推奨により、患者の経済的負担が増加し、必要な医療を受けられない患者が増える（「すべての人々に」というミッションからは乖離していってしまう）

確かにこういった問題には、取締役会がメスを入れるべきですよね。だとしたら、内部監査部門の役割にも納得です。

冒頭で述べたとおり、**内部監査は組織の目的達成を支援するために監査を行う組織**なのだから、これもリスクマネジメントにおける重要な役割なんだ。

よく分かりました！

内部監査に求められるリスクマネジメントの監査ポイント

IIAという組織があります。IIAは「The Institute of Internal Auditors（内部監査人協会）」の略称です。IIAは、内部監査の専門職としての基準とガイダンスを提供する国際的な組織であり、内部監査の実務者に対して教育、研究、認証プログラム、出版物などを提供しています。

その他の役職者や部門のリスクマネジメント実践術

そのIIAが公表している正式なガイダンスを体系化したものとして「グローバル内部監査基準」があります。この基準の中で**「内部監査部門長は、組織のガバナンス、リスク・マネジメント及びコントロールの状況を評価し、それに基づいて監査計画を策定すること」**が求められています（基準4.2 専門職としての正当な注意より）。

　これらを適切に行うためにも、取締役会や社長が組織のリスク選好（リスクアペタイト）をどう考えているのか、目標の優先性やリスクについてどう考えているのか、受容できるレベルを超えたリスク等の情報についてどのような形で報告を受けたいのか等について、コミュニケーションをとることが求められています（基準8.1 取締役会による対話より）。合わせて、リスクマネジメントのプロセスについても深い理解に努めることが求められています。

　プロセスの理解にあたって、具体的には例えば以下のような活動が求められています。

- 国際的に受け入れられているリスクマネジメントの原則やフレームワーク等の理解
- 組織のリスクマネジメントプロセスの成熟度を評価するため、リスク選好（リスクアペタイト）やどのようなフレームワークが採用されているかの情報収集
- 議論を通じた、取締役会や社長のリスクマネジメントに対する考え方や優先順位の理解
- リスク情報の収集のための、組織が実践したリスクアセスメント結果や、組織の主要なステークホルダー（例：CEOやCOO、事業部長、リスクマネジメントの実務担当者、外部監査人、規制当局等）とのコミュニケーションの内容の精査

出典：基準9.1 ガバナンス、リスク・マネジメント及びコントロールの各プロセスの理解を基に筆者が編集

　内部監査人は、こうした理解に努めた上で、リスクマネジメントの状況を評価することになるわけですが、その中で組織が、受容できるレベルを超えるリスクをとっていることが分かった場合には、社長や取締役会と事前に合意した方法に基づいて、コミュニケーションを行う必要があります。

グローバル内部監査基準

Q20　取締役会は何をすればいい？

> **質問**
> 取締役会等では、どういう目線でどういうレビューをすれば良いのでしょうか？

取締役会の役割は、リスクマネジメント活動の監視監督をすることにある。ちなみに、その役割について言及しているコーポレートガバナンスコードというものがあるんだが、そこでは次のように言及されているよ。

> 内部統制や先を見越した全社的リスク管理体制の整備は、適切なコンプライアンスの確保とリスクテイクの裏付けとなり得るものであり、取締役会は、グループ全体を含めたこれらの体制を適切に構築し、内部監査部門を活用しつつ、その**運用状況を監督すべき**である。
>
> 出典：CGコード4-3-④

「運用状況を監督すべき」ってシンプルで意味は伝わるんですが、具体的に何をすればいいかまだイメージが湧きづらいですね。

そうかい？　ではもう少しヒントだ。取締役会のあり方を示すG20/OECDコーポレートガバナンス原則というものがあるんだが、取締役会に対するリスクマネジメントへの期待値として、次のように言及されているよ。

> 企業のリスクアペタイト（リスク選好）とリスクカルチャーを確立し、リスクマネジメント（内部統制を含む）を監督することは、取締役会にとって非常に重要であり、企業戦略と密接に関連しています。これには、リスクマネジメントのための責任と説明責任、企業がその目標を追求するために受け入れるリスクの種類と程度の特定、及び運用と関係を通じて生み出されるリスクをどのように管理するかといった活動の監視が含まれます。
>
> 出典：G20/OECDコーポレートガバナンス原則：リスク管理方針及び手順の見直しと評価(V.D.2) を基に著者が翻訳

説明は詳しいですし、リスクアペタイトやリスクカルチャー、内部統制等、すべて講義で学んだ言葉ですが、頭に入ってこないですね。そもそも監督だとか監視ってどういう意味ですか（苦笑）。

「監督」は、スポーツチームの監督をイメージしてもらえると分かりやすいかもね。**リスクマネジメントのあり方や方向性を示すことが期待されている**んだ。「どこまでリスクをとって攻めるのか」「何を大切にしながらリスクマネジメントを推進するのか」といったことについて、口を出す役割者ともいえる。

取締役会って、単に、批評家みたいな役割だけを期待されているわけではないんですね。てっきり、そのあたりは全部、経営陣の責任なんだと思っていました。

そうだね。**取締役会には、リスクマネジメントにおいても、それぐらい積極的に関わってほしい**という意図の表れでもある。

「監視」についてはどうですか？

「監視」は、定めた方針や手続きなどを適切に実施しているかどうかをチェックする行為を指す。だから、リスクマネジメントが、実際に指し示された方向性に実施されているかどうかをチェックするという意味になる。

リスクマネジメントに対して取締役会が期待されている事項	監督 (方向性を指し示す)	監視 (実行の適切性をチェックする)
リスクアペタイトの確立	○	
リスクカルチャーの確立	○	
リスクマネジメントの役割・責任	○	○
内部統制を含めたリスクマネジメント活動全般 (リスクアセスメントやリスク対応、モニタリング等)	○	○

出典：「G20/OECDコーポレートガバナンス原則」を基に筆者が編集

取締役会ってそこまでカバーできるものなんでしょうか？

そうだね。だから、取締役会の目として内部監査部門の活躍が期待されるわけだ。場合によっては取締役会の下部組織としてリスクマネジメント委員会を別に立ち上げて、そこで監視監督を行うこともあり得るわけだ。

なるほど！　そういう文脈で説明されると、内部監査部門やリスクマネジメント委員会の意義も、より理解できます。

ただし、リスクマネジメント委員会については日本の場合、経営会議の下に設けることが少なくないかな。だから本来の意味での「監視監督」をどこまで果たせているかは企業によっては疑問の残るところだろうね。特に「監督」という点に関しては…。

いろいろと奥が深いんですね。

また全体的な傾向として、**取締役会によるリスクアペタイトやリスクカルチャーに対する監督や監視は弱いな**という感じかな。取締役会の中で、重大リスクだとかリスク対応計画の話はよくされるが、リスクカルチャーがどうあるべきか、それがしっかりと根付くような活動になっているのかといった観点は総じて弱いように思うね。

改めて取締役会において、どのトピックに対してどれだけの時間がかけられているのか、振り返ってみるのは価値がありそうですね。

おお、いいことを言うね。そのとおりだよ。

勉強になりました！

おわりに

『世界一わかりやすい リスクマネジメント実践術』をお読みいただき、ありがとうございました。

本書を手に取ってくださり、さらにはここまで読んでいただけたことに心から感謝いたします。もし本書に書かれた知識やテクニックを少しでも実践してみようと思っていただけたなら、執筆した甲斐があったといえるでしょう。

実は、リスクマネジメントの本を執筆しておきながら恐縮ですが、明確なリスクマネジメントの仕組みが必ずしも必要ではない組織もあると考えています。例えば、強い目的意識と目標達成意識が共有され、縦横無尽にコミュニケーションがとれる組織では、リスクの話題は自然と日々の会話の中で共有され、必要な対応がとられるものです。

しかし、多くの組織ではそうした理想的な状態には至らないのが現実です。異なる立場や役割、価値観を持つ人々が集まる組織では、意識や知識、経験の違いから、同じ事象を見ても捉え方が大きく異なることがあります。ある人にとって「避けるべきリスク」が、別の人にとっては「挑むべきチャンス」に見えることも珍しくありません。こうした認識のズレが、新たなリスクや対応ミスを生む原因になります。

本書は、そうしたズレを解消し、組織全体でリスクマネジメントを効果的に進めるための一助となることを目指しています。

本書を通じて、少しでも多くの方にその想いが伝われば幸いです。そして、ご意見やご感想をいただけると、今後の参考にさせていただきます。もし共感いただけた場合には、ぜひ他の方にもお薦めいただけますと嬉しい限りです。

「すべてのビジネスパーソンに、リスクマネジメントを荷物ではなく武器にしてほしい」

そんな願いを込めて、今回は筆をおこうと思います。

謝辞

　前著『世界一わかりやすい　リスクマネジメント集中講座』で、ありったけの想いを込めて書いただけに、ある種燃え尽き症候群に陥っていました。そのため、次の本では何を目的に何をカバーしようかと悩んでいたら、あっという間に8年もの月日が流れてしまいました。そんな中、「実践」にスポットライトを当てた方がいいのでは？　とご提案くださり、執筆のきっかけをくださった津久井元編集長と、出版実現に向けて並走をしてくださった中沢様に感謝申し上げます。また、無理をいって今回も素敵なイラストを描いてくださった白井匠先生、ありがとうございました。

　いわば「本書の執筆のリスクマネジメント」を実践してくださったニュートン・コンサルティング株式会社の皆さん、特に全体を統括してくださった吉田いずみさん、上梓に向けて最初から最後まで中身のありとあらゆる部分にわたり助けてくださった時津由香さん、中村華さん、内容を分かりやすくするための改善に協力してくださった同社の辻井さん、日下さん、近藤さんにも感謝です。

　「君も本を出すのか？　俺も今度本を出すよ。」
　なぜか何歳になっても、幾度となくライバル意識全開でプレッシャーをかけてくる父…。私が本を書けるようになったのは、間違いなくあなたのおかげです。笑顔で見守ってくださっている義父・義母にも感謝します。

　本書の登場人物のモデルになってくれた子どもたちへ。君たちがいつかこの本を手に取り、本当にビジネスパーソンとして活躍する日が来たなら、それほど愉快なことはありません。

　そして、最愛の妻へ。
　「今度は何の本を書くの？」「ふーん」と、まったく興味がないふりをしながらも、「彼、今回はこんな本を書いたみたいよ」と人に伝えてくれるその気遣いが、何よりも嬉しかったりします。

　最後に。
　本書を、早くに天国へ旅立った最愛の母・文子と、昨年まで母のように接してくれた亡き叔母・弘子に捧げます。

　ありがとう！

参考文献

- 柳井正（2003）『一勝九敗』新潮社

- 後藤康浩, 我がファーウェイは無実だ, 月刊文藝春秋, 2019年7月号, p.00-00

- マーク・ランドルフ著、月谷真紀訳（2020）『不可能を可能にせよ！ NETFLIX 成功の流儀』サンマーク出版

- 日本規格協会（2009）『ISO Guide 73 リスクマネジメント - 用語』

- Jon Acuff（2017）『Finish: Give Yourself the Gift of Done』

- Adam Grant（2021）『Think Again: The Power of Knowing What You Don't Know』Viking

- ISO（2023）『ISO/IEC 42001』

- ISO（2023）『ISO/TS 31050 - エマージングリスクマネジメント』

- 『ISO 31000:2018 - リスクマネジメント』

- ISO（2023）『ISO 27035』

- ISO（2021）『ISO/TS 22318 Security and resilience — Business continuity management systems — Guidelines for supply chain continuity management』

- マイケル・A・ロベルト著、飯田恒夫訳（2010）『なぜ危機に気づけなかったのか ──組織を救うリーダーの問題発見力』英治出版

- 鈴木史比古、青沼新一、楠神健著『JR東日本版 4M4E分析手法の開発と導入・展開』

- Angie Morgan & Coutney Lynch（2022）『Bet on You: How to Win with Risk』Harpercollins Leadership

- 経済産業省（2024）『AI事業者ガイドライン（第1.0版)』

- 斎藤端（2021）『ソニー半導体の奇跡: お荷物集団の逆転劇』東洋経済新報社

- 磯貝高行, 編集長インタビュー リスクに先手、世界で勝つ ダイキン工業社長兼 CEO 十河政則氏, 日経ビジネス, 2021/09/20号, p76-79

- 白井咲貴, アパグループ／ビジネスホテル運営「狭さ」を逆手に黒字を確保, 日経 ビジネス, 2021/03/08号, p56-60

- OECD（2023）『G20/OECD コーポレートガバナンス原則』

- 東京証券取引所（2021）『コーポレートガバナンス・コード』

- 日本内部監査協会（2017）『専門職的実施の国際フレームワーク（IPPF）』

- 日本内部監査協会（2024）『グローバル内部監査基準™』

- CSRD

- ESRS

- CSDDD

- 日本内部監査協会（2018）『COSO 全社的リスクマネジメント 一戦略およびパフォーマンスとの統合』

- ニュートン・コンサルティング株式会社監修、勝俣良介著（2017）『世界一わかりやすい リスクマネジメント集中講座』オーム社

索引

あ行

悪用リスク 241
アパホテル..................................113
洗い出し 8, 10, 51, 59, 60, 71, 83, 85, 107, 159, 244
安全性・正確性リスク 240
意思決定 24, 36, 82
意思決定プロセス 179
意思疎通 14
影響度.......... 8, 10, 92, 114, 161, 218, 261
エマージングリスク 118, 122, 124
オペレーショナルリスク 230, 231

か行

海外拠点のリスクマネジメント 253
改善活動 11
外部監査 224
カオスエンジニアリング 172
学習効果の最大化 21
隠れたリスク 55
過去に起きた事件・事故 61
環境変化への対応支援 33
完璧主義 64
機会損失リスク 239
危機管理 28
危機管理計画 151, 154, 186
危機管理部門 198
気付けないリスク 78
機密情報漏えいリスク 240
脅威 97
緊急時対応計画 149, 154, 186
グループガバナンス..........................253
グローバルリスクマネジメント 253
訓練の実施....................................67
経営資源分析 161

さ行

経営層向けリスクマネジメント研修......215
警告のささやき 134
継続的改善 20
原因の掘り下げ................................142
現場主義 213
効果測定 183
効果的なリスク対策...............181, 185
行動計画書.....................................187
購買管理規程.....................................220
顧客の声 159
誤情報リスク 240
固定観念 81
コミュニケーション 20, 57
コンプライアンス規程 220

さ行

最低限のリスクマネジメント 66
再発防止 142
財務会計基準機構.............................263
サステナビリティ 224, 262
サステナビリティ基準委員会.............263
サプライチェーンリスク 234
参加者の選定.....................................86
事業影響度分析 161
事業継続計画................... 154, 186
事業復旧計画................... 154, 155
持続可能性.....................................224
シナリオ 69
シナリオ分析.............................89, 108
重大リスク 177, 204
情報開示 260
情報漏えい.....................................94
初動対応計画.................................148
人権デュー・ディリジェンス.................228
人材リスク.....................................241
心理障壁.....................................107

ステークホルダー分析 159	ビジネスと人権に関する指導原則 228
スモールスタート 176	ビットコイン...33
生産性向上 27	ヒューマンエラー 125
全社的リスクマネジメント 198, 203	ファーウェイ..12
専門職的実施..278	風評リスク..241
戦略リスク..230	不確実性..92
組織運営 47	プライバシーの侵害のリスク................240
組織図...55	ブレインストーミング 88
組織風土の醸成 62	プレモーテム分析 103, 106, 108
ソニー..112	文書化 201, 223
	ベネッセホールディングス 17
	変数...90
	報告ハードル..141
	ポジティブリスク 109, 112

た行

対応力評価..121	
ダイキン工業 113	
大方針...67	
正しいリスクマネジメント 18	
ダブルマテリアリティ 227	
知財侵害リスク..240	
チームパフォーマンス最大化 21, 24	
調査票..237	
蝶ネクタイ分析..................... 99, 102, 108	
通常の雑音..134	
ツール 33, 36, 72	
デルファイ技法...........................85, 108	
トップマネジメント 213	
トライアルアンドエラー........................192	

ま行

マイクロマネジメント............................255	
マクロマネジメント 255	
万が一 65, 148, 186	
明瞭な呼びかけ..134	
目的.. 19, 38, 53, 54	
目的・目標達成アシストツール..............18	
目標.. 19, 38, 40	
目標達成 64	
モチベーション..137	
モニタリング 11	

な行

内部監査 277	
内部監査人協会 277	
内部統制 32, 219, 223	
内部統制報告書..224	
偽情報リスク 240	
ノミナルグループ技法.............................88	

や行

有事対応方針 67	
有事対応力..186	
ユニクロ 16	
予測難易度..92	

は行

ハザード 97	
バッドニュースファースト ... 136, 146, 212	
判断のハードル..138	
惹きつけられる歌声................................134	
被災シナリオ 157	

ら行

リアクティブ・マネジメント・フレームワーク	
....134	
リスク 3, 7, 48, 97	
リスク＆リターン....................................12	
リスクアセスメント 8, 72, 120, 271	
リスクアセスメント技法.........................85	
リスクアセスメントシート.................73, 74	

リスクアペタイト 245, 248, 280
リスク洗い出し技法 85, 94
リスク回避 8
リスクガバナンス 199, 201, 257
リスクカルチャー 280, 140, 249
リスク感度 128
リスク共有 8
リスク軽減 8
リスク源 97
リスク源相関性分析 94, 108
リスクコミュニケーション 262
リスクコントロール 4, 12, 26
リスク算定 114
リスク選好 245, 280
リスク想定 12
リスク対応 8, 11
リスク対策 5, 61
リスク転嫁 8
リスク特定 10, 61
リスク認識 61
リスク破棄 8
リスク評価 8, 11
リスク分析 8, 10, 114
リスクマトリックス 30, 73, 232
リスクマネジメント
.... 4, 32, 176, 192, 198, 264
　　失敗事例 13, 16, 82
　　成功事例 16, 131
　　委員会 73, 207, 210
　　活用 77
　　監視 281
　　監督 281
　　技法 84
　　教育 216
　　限界 43
　　実施 36
　　相反 41
　　種類 31
　　目的 9
　　ステップ 8
　　目的・目標設定 39, 41
　　目的・目標達成 38, 44, 52
　　理想 2
リスクマネジメント実践術 204
　　執行役員の役割 267
　　社長の役割 264
　　取締役会の役割 279

内部監査部門の役割 273
　　マネージャーの役割 270
リーダーシップ 44, 47, 266
レジリエンス評価 121

英数字

AIMS...244
AI事業者ガイドライン 242
AIマネジメントシステム 244
AIリスク 238
BCP 28, 154, 163, 186
BIA 161
BRP 154, 155
CMP 151, 154, 186
COSO-ERM 221, 230
CSRD 262
ERM 198, 203, 219
ERP 149, 154, 186
ESG 229
ESRS 262
FASF 263
Guide 73 3
HUAWEI 12
IIA 277
IPPF 278
ISO/IEC27000 98
ISO/IEC42001 .... 243, 244
ISO/TS31050 122
ISO31000 201
IT-BCP.............. 164, 168, 170, 172
NETFLIX 172
PDCA 20, 192
RLO 163
RPO 171
RTO 163
SDGs 224
SHELモデル 125, 126
SSBJ 263
3ラインモデル.............................257
4M4E分析 145

著者紹介

勝俣良介

ニュートン・コンサルティング株式会社取締役副社長
兼プリンシパルコンサルタント
株式会社ＳＴＲＩＸ代表取締役社長
早稲田大学卒
オックスフォード大学経営学修士（MBA）

　日本で、セキュリティスペシャリストとして活躍後、2001年に渡英し英国企業へ入社。欧州向けセキュリティソリューション部門を立ち上げ、部門長として新規事業を軌道に乗せた。2006年、現代表取締役社長副島と共にニュートン・コンサルティングを立ち上げ、取締役副社長に就任。コンサルタントの教育、自社サービスの品質管理、新規ソリューション研究・開発を率いる。多くの本や記事を執筆するなど豊富な知識・経験を持ちながらも、伝統的な考え方にとらわれない実践性と柔軟性を駆使したコンサルティング手法に定評があり、幅広い業界/規模のお客様に支持されている。全社的リスクマネジメント（ERM）、内部統制、BCP/危機管理、ITガバナンス/セキュリティ管理など幅広いコンサルティングスキルを有する。MBCI、CRISC、CISSP、CISA、CIA

　主な著書に、『ISO22301徹底解説 BCP・BCMSの構築・運用から認証取得まで』（ニュートン・コンサルティング株式会社監修、オーム社、2012年7月）、『図解入門ビジネス 最新 ITIL V3の基本と仕組みがよ～くわかる本』（打川和男との共著、秀和システム、2009年4月）、『図解入門ビジネス 最新 事業継続管理の基本と仕組みがよ～くわかる本』（打川和男、落合正人との共著、秀和システム、2008年6月）、『図解入門ビジネス 最新 IT統制の基本と仕組みがよ～くわかる本』（執筆協力、秀和システム、2007年8月）、『なぜ、リスクマネジメントは組織を救うのか　～リーダーのための実践ガイド～』（ニュートン・コンサルティング株式会社監修、ダイヤモンド社、2022年7月）がある。

- 本文イラスト：白井匠（白井図画室）

- 本書の内容に関する質問は、オーム社ホームページの「サポート」から、「お問合せ」の「書籍に関するお問合せ」をご参照いただくか、または書状にてオーム社編集局宛にお願いします。お受けできる質問は本書で紹介した内容に限らせていただきます。なお、電話での質問にはお答えできませんので、あらかじめご了承ください。
- 万一、落丁・乱丁の場合は、送料当社負担でお取替えいたします。当社販売課宛にお送りください。
- 本書の一部の複写複製を希望される場合は、本書扉裏を参照してください。
  JCOPY ＜出版者著作権管理機構 委託出版物＞

世界一わかりやすい
リスクマネジメント実践術

2025 年 4 月 16 日　　第 1 版第 1 刷発行

監 修 者　ニュートン・コンサルティング株式会社
著　者　　勝 俣 良 介
発 行 者　髙 田 光 明
発 行 所　株式会社 オーム社
　　　　　郵便番号　101-8460
　　　　　東京都千代田区神田錦町 3-1
　　　　　電話　03(3233)0641(代表)
　　　　　URL　https://www.ohmsha.co.jp/

© ニュートン・コンサルティング株式会社・勝俣良介 2025

組版　トップスタジオ　　印刷・製本　壮光舎印刷
ISBN978-4-274-23340-1　Printed in Japan

本書の感想募集　https://www.ohmsha.co.jp/kansou/
本書をお読みになった感想を上記サイトまでお寄せください。
お寄せいただいた方には、抽選でプレゼントを差し上げます。

オーム社のリスクマネジメント読本！

世界一わかりやすい
リスクマネジメント集中講座
[第2版]

ニュートン・コンサルティング株式会社（監修）
勝俣良介（著）
定価(本体2,600円【税別】)／A5／272頁

何のためにリスクマネジメントをやるのか、
その本質がわかる！

【本書の概要】
本書は、リスクマネジメントの実務担当者はもちろんのこと、ミドルマネジメント、経営層に至るまで組織を率いて活動する人が、最低限知っておくべきリスクマネジメントの知識について、やさしく解説します。
また、知識ゼロでも直感的に、かつ短時間で理解できるように、イラストを多用し、講師と生徒による対話形式で、無理なく短時間で読み進めることができるようにしています。

世界一わかりやすい
リスクマネジメント実践術

ニュートン・コンサルティング株式会社（監修）
勝俣良介（著）
定価(本体2,600円【税別】)／A5／304頁

リスクマネジメントには正解はない。
でも、この本には重大なヒントがある！

【本書の概要】
本書は、リスクマネジメント実務担当者が、実際に業務でどのようにリスクマネジメントを実践すればよいかを、「あるある」な実例をあげて、やさしく解説します。
立ちふさがる数々のリスクマネジメント問題に対し、Q&A 形式でわかりやすく現実的な回答を提示していますので、そのまま実務に適用することができます。本書でリスクマネジメントの神髄を身につけましょう。

もっと詳しい情報をお届けできます。 **ホームページ** https://www.ohmsha.co.jp/
◎書店に商品がない場合または直接ご注文の場合は右記宛にご連絡ください。 **TEL／FAX** TEL.03-3233-0643　FAX.03-3233-3440

(定価は変更される場合があります)

F-2504-343

Memo

Memo